合肥工业大学图书出版专项□□助项目

轴向移动绳索振动分析方法

陈恩伟　编著

合肥工业大学出版社

图书在版编目(CIP)数据

轴向移动绳索振动分析方法/陈恩伟编著 . —合肥:合肥工业大学出版社,
2022.11

ISBN 978 - 7 - 5650 - 5569 - 0

Ⅰ.①轴…　Ⅱ.①陈…　Ⅲ.①绳索力学—振动分析方法　Ⅳ.①TB301.2

中国版本图书馆 CIP 数据核字(2022)第 198518 号

轴向移动绳索振动分析方法
ZHOUXIANG YIDONG SHENGSUO ZHENDONG FENXI FANGFA

陈恩伟　编著　　　　　　　　　　　责任编辑　刘　露

出　版	合肥工业大学出版社		版　次	2022 年 11 月第 1 版	
地　址	合肥市屯溪路 193 号		印　次	2022 年 11 月第 1 次印刷	
邮　编	230009		开　本	710 毫米×1010 毫米　1/16	
电　话	理工图书出版中心:0551 - 62903004		印　张	8.25	
	营销与储运管理中心:0551 - 62903198		字　数	157 千字	
网　址	www.hfutpress.com.cn		印　刷	安徽昶颉包装印务有限责任公司	
E-mail	hfutpress@163.com		发　行	全国新华书店	

ISBN 978 - 7 - 5650 - 5569 - 0　　　　　　　　　定价:42.00 元
如果有影响阅读的印装质量问题,请与出版社营销与储运管理中心联系调换。

前　言

　　轴向绳移系统在电梯、缆车、矿井、线切割加工、动力传送带等工程方面具有广泛的应用。随着轴向移动速度的增加,其产生的振动会加剧,影响设备的正常工作,甚至产生安全问题。轴向绳移设备的振动及控制一直是工程界关心及致力研究解决的问题。轴向绳移系统属于轴向移动材料系统,如轴向移动梁、轴向移动板、轴向移动绳等。轴向移动使得该系统为非保守系统,存在质量的流入及流出,绳长的变化也使得系统具有时变特征。因此轴向绳移系统需要用到修正的哈密顿原理进行建模。与常规非移动连续材料系统方程不同,轴向绳移系统动力学方程里出现了与轴向移动速度相关的陀螺项,常规的分离变量求解法不能应用,给求解其动力学方程带来困难。因此轴向绳移系统的建模及求解问题成为力学及振动领域的学者一直关注及研究的主要问题。自二十世纪五十年代起到最近十几年,国内外学者对轴向绳移系统振动问题进行了大量研究,在建模、求解、控制及能量变化等方面提出了大量的方法,相关的研究工作主要存在于中外文献中。

　　作者十年前在英国访学时开始接触轴向绳移系统横向振动问题,近十年来一直在该方向进行相关的研究。研究工作主要涉及有限元的建模方法,数值求解方法,变长绳的时变自由度建模及求解方法,边界反射方程,约束点行波反射及透射规律,基于行波反射、透射及叠加的一系列振动响应解析计算方法,振动能量计算方法及变化机理分析,边界阻尼振动控制,能量模态迁移规律等。本书编写的目的主要是对作者以上的工作进行整理和总结,形成轴向绳移系统动力学建模、响应计算、能量分析及振动控制的一系列方法。

　　本书的研究工作及出版得到了国家自然科学基金面上项目(高速绳移系统能量变化机理及振动控制研究,No. 51675150)、国家自然科学青年基金项目(时变自由度轴向绳移系统的参数振动及实验研究,No. 51305115)、安徽省自然科学基金面上项目(高速轴向移动模态密度非均匀结构中频振动建模及预估,No. 2208085ME130)以及合肥工业大学图书出版专项基金资助项目(轴向移动绳索振动分析方法,No. 2019037)的资助。本书的研究工作主要由作者以及研究生贺钰腾、王军、张凯、罗全、杨历、吴群、吴远峰、吝辉辉、仲凯等人完成。研究生王林、贺钰腾、吴远峰、任雪倩、刘奕参加了全书的编写。合肥工业大学刘正士教授审阅了本书全文。作者对以上提供的资助、帮助和指导表示衷心感谢!

　　本书可为从事轴向移动材料建模、振动计算及控制的研究工作的研究生、教师及相关研究人员提供借鉴和参考。由于本人水平有限、时间仓促,书中的内容难免会有错漏,敬请各位读者不吝赐教,有任何问题和建议请发送到电子信箱 ewchen @hfut. edu. cn。

陈恩伟

2022 年 10 月

目　　录

第1章   轴向绳移系统振动简介

轴向移动绳索振动属于轴向移动材料振动的范畴,轴向移动材料还包括轴向移动的带、板、梁等。它们横向振动的一个共同特征是轴向移动会对横向振动产生影响,因其作用机理与陀螺系统的自转和公转的耦合机理一样,因此该影响也为陀螺效应。其力学方程中体现该效应的项称为陀螺项,是一个与轴向移动速度有关的参数。由于陀螺项的影响,轴向移动绳索呈现出与非移动绳不一样的横向振动特性,为其建模、求解以及振动特性分析增加了复杂性。本书专门针对该问题来进行编写。本书将系统地介绍轴向移动绳模型的建模、求解及分析的方法,不仅可为工程设备的安全运行提供依据,还可以对一般读者学习轴向移动材料振动理论提供帮助。

1.1   工程背景及意义

轴向移动绳索设备在众多在工程领域上具有十分重要的应用:在民用领域中如动力传送带、电梯缆绳、客货运索道、薄膜印刷等;在国防领域中如绳系卫星、航炮供弹链等,这些设备按照其运动特征都可以简化为轴向移动绳索模型。这些设备结构在低速轴向移动时,其陀螺效应不显著,但是随着设备向着高效、高精度的方向发展,工程上应用绳移系统的装备需要提高运行速度。当绳移系统高速运行(接近一阶临界速度)时,高速轴向移动引起陀螺力加剧,引起的横向振动对这些设备的功能和安全会造成很大的影响,出现一系列的动力学问题,导致系统不稳定,振动加剧,严重时会危害设备的安全运行。另外,移动绳与周围流体介质(空气、液体等)在相对高速移动状态下其相互作用不可忽略,由于相位差,移动绳可以从介质中获得能量而产生大位移振幅的颤振。如绳系卫星的子星缆绳加速回收时,会产生 Spaghetti 问题,即随着绳长加速变短,系统能量聚集,轻微的扰动会导致端部子星的强烈振动。卫星系绳系统参数共振会使系统的振荡不再保持稳定,既会破坏卫星运动模式,又难以保证系统运动的有效控制和稳定。在薄膜光刻领域,薄膜与激光探头的间距有很高的精度要求,当薄膜从高速移动到静止时,高速运动的剩余能量引起横向振动,最大位移振幅与薄膜长度比值可达 6%,大大超过间距误差允许范围,成为限制薄膜光刻的质量及生产率的主要因素。绳牵引并联机器人在相机系统和吊装领域应用已有多年,但目前的一个应用难点是绳在加速控制时会出现突变点,引起绳的颤振问题。在国防军事上,航炮的高射速要求供弹链有极高的传输速度,由此引起的供弹链的大幅振动容易导致子弹传递不畅,弹链破坏,成为阻碍航炮射速提高的主要原因之一。常用的循环式客运和货运索道钢丝绳高速移动时在外界轻微扰动下会导致振幅产生较大振动,给乘客带来不舒适感,甚至会引起货斗掉落或钢丝绳从导轮脱落的事故。如 2014 年井冈山杜鹃山景区的索道由于高速运行振幅过大,轿厢机械产生故障松落,导致人员伤亡;2007 年香港昂坪缆车由于加速过大导致缆索过度摆动,致使滑轮损毁,车厢坠落;1992 年美国和意大利在释放绳系卫星的过程中,系绳在释放了 12 公里长时突然断裂,价值 4.4 亿美元的卫星带着一端绳子失落在太空。可见,轴向移动绳振动已成为高速索道技术发展的一个严重阻碍,它的破坏会危害生命安全,带来严重的经济损失。

另外,轴向移动材料系统作为一种典型的动力学特性时变系统,具有非常复杂的动力学性能,在振动学科领域内的研究一直经久不衰,绳移系统是其中的典型部分。移动速度向高速的发展,引起了一系列的动力学问题。其中振动能量变化的理论基础及振动控制的关键技术已成为国际学术界关注度很高的重要科学问题之一,每年在振动领域国际顶尖期刊上都有多篇专题论文进行讨论。轴向移动绳索横向振动的研究结果在未来高速轴向移动材料关键设备的稳定、高效运行以及时变绳移系统能量分析新方法的发展等方面具有重要的理论意义和工程应用价值。

1.2　分析发展方法简介

目前对轴向移动绳索横向振动建模、响应与能量计算、振动特性分析以及振动控制等方面,国内外学者都进行了大量的研究,以下对此进行简单的梳理介绍。

在轴向移动绳系统动力学建模及求解方法的研究方面,针对不同类型的轴向绳移设备振动问题,国内外专家学者建立了相应的动力学模型。早在 1954 年,Sack 在假定绳移速度均匀和绳张紧力恒定的条件下,建立了有限长轴向移动绳系统数学模型,分析了横向驻波在两个光滑支撑上的作用。此研究得出:当移动绳速度与横波传播速度之比很小时,共振频率与两端张紧绳的谐波谱基本重合,并得出绳子的瞬时振动位移不再是正弦曲线形式,以上结论同样适用于具有阻尼的情况。Wickert 使用状态空间方程方法来分析有限长移动管的响应问题,并得出轴向运动材料的运动方程在状态空间公式中是斜对称的。1963 年,Swope 将两端有绕线轮的绳移设备简化为一端固定一端移动的变长度移动绳系统振动模型,分别使用 D'Alembert 原理与特征值两种方法求解了振动响应,研究了移动绳速度与波速关系。其他学者也有研究过类似简化模型,Thurman 将轴向移动的带简化为两端固定支撑的轴向移动绳系统模型,其运动方程由两个非线性偏微分方程组成,两个偏微分方程分别描述了纵向运动和横向运动。同时,他提出了一种精确、高效的方法来计算振动周期,证明了轴向移动速度的存在减小了振动的基本周期。1988 年,Kotera 和 Kawai 建立了具有时变长度和重量的移动绳模型,分析轴向移动绳系统的自由振动问题。因绳的长度随时间的变化而变化,分离变量法不适用于求解运动方程。因而,引入了新的关于位置和时间的变量,使用拉普拉斯变换来求解运动方程,获得了自由振动的精确解。1990 年,Wickert 和 Mote 建立了两种具有代表性的轴向运动的连续体模型,即:移动绳模型和移动梁模型。由于轴向运动的连续体具有的科里奥利加速度分量,使这些系统具有陀螺效应。在此基础上,他们提出了由模态分析和格林函数法组成一类轴向运动连续体的经典振动理论,并得到了它们在任意激励和初始条件下的响应的精确解析表达式及临界传输速度。Yuh 和 Young 建立了轴向移动连续体模型,推导了轴向移动连续的系统时变偏微分方程和边界条件,求解了轴向移动连续体的振动响应。Chakraborty 建立了有限长非线性移动连续体数学模型,分析了在移动连续体中间位置具有导向器的自由和受迫振动响应,将导向器等效成一个没有惯性的纯弹性约束。当导向器放在一个合适的位置时,固有频率增加,从而避免了共振,降低了振动水平。1993 年,Fung 和 Cheng 研究了具有边界条件和非线性耦合的绳-滑块系统的自由振动问题,利用哈密顿原理得出了一个关于移动绳横向小振幅振动的偏微分方程,并与滑块水平位移的常微分方程非线性耦合。同时,利用具有时变基函数的伽辽金方法,得出了数值计算结果及耦合振动的特征。1994 年,Pakdemirli 等学者研究了轴向加速绳的横向振动问题,利用哈密顿原理推导出运动方程,用伽辽金方法对偏微分方程进行离散,接着又使用 Floquet 理论进行稳定性分析,最后获得运动方程的数值解。同年,Tan 和 Zhang 采用传递函数法研究了受中间弹性支承或弹性支撑约束的轴向移动绳振动响应求解问题。1996 年,Ram 和 Caldwell 考虑了以恒定速度相向移动的两个支座之间绳的横向振动,验证了变量分离的方法不适用于此类问题。为此,将初始条件推广到整个区间,利用 D'Alembert 原理求解,给出了一种计算轴向移动绳系统动力学的闭合形式算法。1997 年,Tan 和 Ying 研究了具有典型边界条件的轴向移动绳横向振动响应的精确解问题。在频域内获得了该精确解,并以波的传播函数来表示。他们研究了带有弹簧或阻尼器的移动绳在边界处的瞬态响应,当阻尼器的阻尼系数等于反射波传播速度时,传播波的振幅消减为零,振动完全被抑制。同年,Koivurova 和 Pramila 基于拉格朗日原理提出了非线性轴向运动连续体的振动理论和数值计算公式。利用系统质量守恒法计算轴向运动连续体移动速度,采用有限元法对方程进行离散化,分析了大位移、张紧力变化和变形引起的轴向速度变化。1999 年,Parker 用解析方法研究了离散弹性支撑或分布弹性支撑的轴向移动绳的稳定性。弹性支承的绳稳定性强,与不支承的轴向运动的绳有很大的不同。特别地,任何弹性支撑(离散的或分布式的)都会导致多个临界速度,他着重分析了临界速度的伴随特征值问题以及临界速度的摄动分析问题,探究了临界速度与超临界速度对其运动稳定性的影响。1999 年,Öz 和 Pakdemirli 建立了轴向加速弹性绳模型,探究了系统具有陀螺特性是由于系统具有科氏加速度分量。他们用摄动分析方法求解运动方程,并获得振动响应,研究了主参数共振和组合共振,并通过分析确定了稳定性边界条件。陈立群于 2000 年首次基于匀速和变速轴向移动绳非线性动力学模型,导出系统能量随时间变化的关系,定义了一个在系统振动过程中的守恒量,后续研究利用守恒量证明了低速轴向移动非线性梁直平衡结构的李雅普诺夫稳定性,并于 2008 年研究了三维非线性轴向移动绳系统振动能量的守恒量。2003 年,Liu 和 Rincon 在建立轴向移动绳系统模型时考虑了弹性绳振动过程中的长度变化,推导出弹性绳端部微小振动随时间变化的波动方程,波动方程是基尔霍夫方程的推广,其包含位移梯度非线性项。基于有限差分近似原理进行数值仿真,并对线性和非线性弹性绳的基尔霍夫模型和线性模型进行了比较。2004 年,Zhang 和 Chen 研究了轴向移动黏弹性绳的非线性动力学特性,分别利用移动绳本征函数的一项和两项伽辽金截断,将移动绳横向移动的偏微分方程简化为一组常微分方程,得出轴向移动的黏弹性绳的横向振动存在规则运动和混沌运动。Zhang 和 Chen 研究了黏弹性轴向移动绳的非线性动态特性,采用伽辽金截断法将描述绳子横向振动的偏微分方程转变成常微分方程,并绘制出了周期扰动或动态阻尼变化、其他参数不变时的分支图。Zhang 和 Chen 研究了蛇形皮带传动系统的振动问题,并从移动波的传播角度对皮带的横向振动进行控制,通过将系统的运动方程转化到频域设计了反馈控制器,结果表明皮带的横向振动得到显著抑制。2013 年,RafałIdzikowski 等建立了有限长绳轴向移动绳系统模型,研究了在均匀分布载荷和集中力下的匀速轴向移动绳系统的动力学响应。绳的横向位移的解表示为两个无穷级数的和的形式,其中一个表示强迫振动(非周期振动),另一个表示绳的自由振动,证明了绳的非周期(强迫)振动的级数可以用解析形式表示。Zhang 和 Chen 研究了黏弹性轴向移动绳的非线性动力学行为。Fung 和

Huang 考虑了带有线性弹簧缓冲装置的黏弹性移动绳模型,并且用伽辽金方法和有限差分数值积分方法来解决这个问题,同时讨论了弹性和黏弹性参数的影响。Jaksic 和 Boltezarp 研究了线性黏弹性阻尼机制对轴向移动绳系统的作用,分析了线性偏微分方程的系数。Hijmissen 和 Van Horssen 考虑了附加弹簧质量减振装置的绳移系统的小阻尼振动。在以上文献中,带有阻尼器的移动绳系统的振动求解分别用到了特征方程法、伽辽金方法、数值积分法等,并且分析了阻尼对系统稳定性、非线性动力学行为以及固有频率的影响。Zhang 和 Chen 采用复模态技术研究了黏弹性地基支撑的轴向移动绳的横向振动问题,并证明了系统动力学方程的特征函数和伴随特征函数对每个算子是正交的,因此当初始条件确定时系统对任意激励的响应都可以用模态的形式展开表示。

　　由轴向移动绳系统的建模及求解方法的研究现状可见,轴向移动绳横向振动计算问题是一项被研究了很多年的具有挑战性的课题,至今仍广受关注。传统的研究技术是基于哈密顿原理建立的偏微分运动方程以及基于拉格朗日方程建立的有限单元动力学方程,利用数值计算方法,如伽辽金法、有限差分法、微分求积法、Runge-Kutta 法、Newmark 法以及时变状态空间方程等求解以上方程,获得轴向移动绳索设备的横向振动响应。

　　同时,对于轴向移动绳系统振动能量的研究现状,主要可分为以下几个方面:能量周期性波动、变长度结构能量非线性增大或衰减、能量模态迁移、能量不守恒以及其他守恒量。Wickert 和 Renshaw 基于解析解研究等长度轴向移动连续体的横向振动的机械能,通过对系统总能量方程求导得出系统能量不守恒而是小范围波动变化特征。将轴向移动连续体的研究转向系统能量变化方面,虽然轴向运动连续体系统的机械能是不恒定的,但为其振动特性研究提供新的途径。Chen 和 Zhao 用偏微分方程对轴向运动连续体的自由非线性横向振动进行了研究,证实了移动绳系统的非线性自由横向振动中存在守恒量,并定义了轴向移动绳的守恒量,应用该守恒量证明了低速度轴向移动连续体中的李亚普诺夫稳定性。陈立群等研究了轴向移动绳系统非线性振动系统总能量的变化,由系统非线性振动的动力学方程,获得系统能量瞬时变化率,并定义了在系统振动过程中保持不变的守恒量。张伟和陈立群基于行波能量的传输原理,通过选取控制器的最优参数达到轴向运动弦线耦合系统的能量耗散最大,实现控制移动弦线的横向振动目的。同时,Chen 和 Zu 定义了横向非线性振动的轴向移动绳的欧拉和拉格朗日能量泛函,证实了欧拉能量泛函和拉格朗日能量泛函的时间变化率是不同的。通过分析两个时间变化率表明,在振动过程中并非所有的能量泛函都是守恒的。本书作者研究一端带黏滞阻尼器的轴向移动绳横系统的振动能量耗散问题,利用拉格朗日函数分别推导出绳长恒定或时变时,系统的线性和非线性数学模型,采用 Newmark-Beta 方法对非线性问题的响应进行了数值求解,分析了不同轴向速度下,黏弹性阻尼器在一端的能量耗散情况。Gaiko 研究了一端固定和一端非固定的轴向运动绳系统模型,建立了系统的特征方程,使用特征值描述了振动问题和阻尼特性,推导了系统的总机械能及时间变化率,并得出能量耗散完全取决于在边界处所做的功。

上述现有方法在求解复杂的混合边界条件下移动绳索设备的横向振动问题时,存在求解过程复杂、求解精度低、稳定性差的问题。并且,当轴向移动绳索设备速度较高,接近或达到临界速度时,会使得设备振动位移幅值异常增大,导致误差增大。

D'Alembert 原理指出无限长均匀弦线横向振动可以表示为两个沿相反方向行波的叠加,为利用波叠加理论获取轴向移动绳横向振动响应奠定了理论基础,其优点是振动响应不因移动速度的增大而失稳。基于 D'Alembert 原理,轴向移动连续体在系统总能量及行波能量研究方面有以下进展。D'Alembert 公式求解无限长高速移动连续体经典的 Cauchy 初值问题比较理想,但对于有限长度结构及边界反射问题尚未解决。在行波反射的研究上,Lee 和 Mote 基于行波理论研究了弹簧-质量-阻尼边界轴向移动绳系统中的能量传递。绳的张紧力和边界约束下的非保守力导致了移动连续体的能量传递,利用行波得出单侧边界能量反射系数。同样的基于行波法,Lee 研究了变长移动绳系统的能量变化规律,研究得出随着绳长的缩短系统能量会以指数的形式增加,反之会以指数的形式减少。2016 年,Gaiko 和 Van Horssen 等建立了半无限域高速移动连续在体质量-阻尼-弹簧边界反射的解析模型,基于 D'Alembert 原理获得系统在单侧边界能量反射及时间变化率,证明了边界处存在能量迁移。同样是半无限连续体的研究,Akkaya 研究了复杂边界条件、半无限域轴向移动绳的阻尼特性、边界反射特性以及边界能量耗散,基于 D'Alembert 原理获得了波动方程解析解。随着从无限弦向有限弦的过渡,有限轴向运动弦的振动需要更多的关注。但是,达朗贝尔原理是针对行波在半无限长弦线的不同边界单次反射的振动及能量变化特性。在实际轴向移动绳索设备的工程应用中,复杂的混合边界的条件下,不同方向的行波在有限长移动绳索设备边界处会发生多次反射,并与入射波叠加构成移动绳索设备的横向振动,因此,利用达朗贝尔原理的方法并不能解决混合边界约束条件下定长移动绳索设备中行波多次反射叠加形成的横向振动的准确获取问题。本书作者使用反射波叠加法研究了具有混合边界条件的有限平移弦的振动和能量,研究了传播波的反射过程及其周期性,应用行波法推导任意周期内轴向运动弦的响应和能量的解析解。

本书将从研究高速轴向移动绳非线性系统建模、计算及能量分析出发,结合工程应用和实际需要,提出高速移动下能量变化机理研究,探索振动能量在时变模态、非典型边界、流固耦合界面的转化规律,为高速轴向移动绳的振动控制提供新理论和实用技术。

　　本书中提到的研究工作包括:轴向绳移系统动力学建模、能量变化以及振动控制。在系统建模及计算方面,绳移系统力学模型采用哈密顿原理以及拉格朗日方程结合有限元技术建立;其中变长度绳的模型采用二次形函数以及自适应单元长度技术来建立;绳移系统的振动响应利用 Newmark-Beta 方法以及行波反射叠加方法计算;关于模型边界条件的研究包括典型、非典型以及混合边界的行波反射问题,还研究了行波在边界点的连续性问题。在移动绳能量计算及分析方面,移动绳能量计算方法是基于行波反射叠加方法,由此展开研究能量变化的规律以及变化机理;利用复模态理论计算振动响应模态分量并且计算能量的模态分布、分析参数、工况等对能量模态分布的影响规律。在流固耦合方面,基于边界层理论以研究流体介质作用下轴向移动带横向振动的建模及计算。在振动控制方面,通过分析计算移动绳边界阻尼振动衰减的最优值,可采取边界磁流变阻尼器的等效线性阻尼系数及其逆向控制模型。

1.3　轴向移动绳模型分类

　　目前,哈密顿原理是建立系统动力学方程的主要方法,应用哈密顿原理建立系统动力学方程必须满足:对于连续系统,系统的质量是恒定的;对于离散系统,系统的自由度是恒定的。然而,轴向移动绳系统的分析对象是时变的,对于绳长是固定的系统,不同时刻在两端边界上会有质量新增和消失,如图 1-1 所示;对于绳长是伸长或缩短的系统,如图 1-2 所示,不同时刻在固定边界上会有质量新增或消失。两种类型由于分析对象都发生了局部更新,当把绳长离散为有限自由度后,实质为时变自由度系统,即不同时刻自由度随绳的移动而变化,自由度的数目和所考虑的质点发生变化。虽然图 1-1 类型自由度数目不变,但是所考虑的质点在空间上是时变的,因此系统在本质上是时变的。图 1-1 和图 1-2 的两种类型在后文中统称为时变自由度轴向移动绳系统。

　　如图 1-1(a)为左端固定、右端为质量-阻尼-弹簧边界的定长度轴向移动绳模型;(b)为左端固定、右端为阻尼边界的定长度轴向移动绳;(c)为左端固定、右端为弹簧-阻尼边界的定长度轴向移动绳。

　　图 1-1 中,$u(x,t)$ 表示与位置 x 和时间 t 相关的横向位移,v 为轴向绳移速度,由于两侧边界固定,轴向绳移系统绳长为 l_0,并保持不变,即为定长绳系统。而图 1-2 中,三种不同边界轴向绳移系统的左侧为固定边界,右侧边界则可以沿绳

移方向移动,其边界移动速度与绳移速度 v 一致,速度值均为 v。此时,绳长为变量, $l(t)=l_0+vt$,其中 l_0 为绳系初始长度,即为变长绳系统。

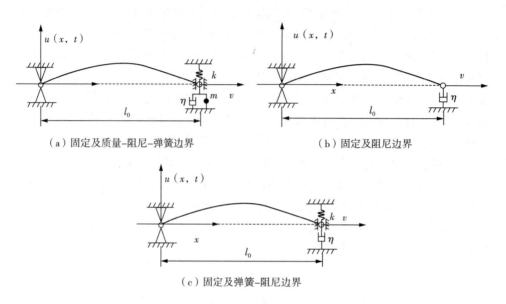

（a）固定及质量-阻尼-弹簧边界   （b）固定及阻尼边界

（c）固定及弹簧-阻尼边界

图 1-1　定长轴向移动绳系统不同边界的简化模型

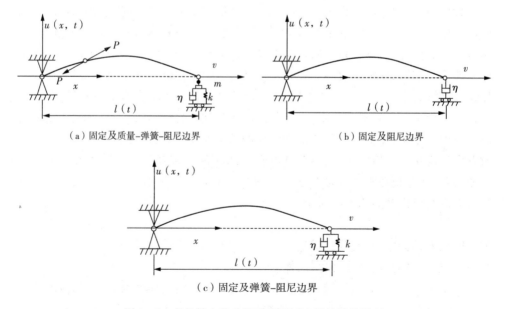

（a）固定及质量-弹簧-阻尼边界   （b）固定及阻尼边界

（c）固定及弹簧-阻尼边界

图 1-2　变长轴向移动绳系统不同边界的简化模型

　　轴向移动绳系统根据绳长是否变化可以分为定长轴向移动绳以及变长轴向移动绳。定长轴向移动绳两端支点的距离一定,绳在其中移动,如传送带、缆车索道(图 1-3)等。对于定长轴向移动绳,Wickert 等在文献中利用哈密顿原理给出的无量纲动力学方程,Wickert 假设质点虽然具有速度,但是没有移动而保持在原来位置作横向振动,因此满足了哈密顿原理要求而建立了方程。后续研究者在此基础上集中于研究轴向移动弦系统的自由振动、固有频率及其与移动速度、张紧力的关系等问题,分别给出轴移速度函数为分段线性函数、单频简谐函数、多频简谐函数及均匀移动速度的摄动函数的轴向移动绳系统方程。

　　变长度移动绳可分为长度增大和长度减小,在忽略绳的非线性几何变形下,绳长变化率等于绳移速度,如吊车缆绳、绳系卫星(图 1-4)等。

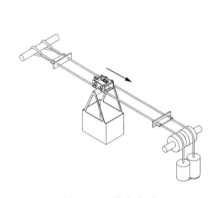

图 1-3　缆车索道　　　　　　　　　图 1-4　绳系卫星

　　对于绳长变化的绳移系统,研究方法分为两类。第一类方法是基于哈密顿原理给出的无量纲动力学方程,在此基础上修改边界条件。Terumichi 等建立了一端连接弹簧质量系统的在竖直方向移动的长度变化绳系,研究弹簧质量系统固有频率与绳激励频率的关系以及绳移速度与绳振幅的关系。Lee 等人分析了时变长度绳的自由响应,揭示了随着绳长变化,系统固有频率及能量改变的规律及原因。Salamaliki-Simpson 对时变绳长的悬挂缆绳系统建立了离散多自由度的含有二次和三次非线性项的模型,并研究了周期激励下的响应。第二类研究方法主要用摄动法来求解,如利用多重尺度方法来将系统方程转换为形式简单的近似方程,再通过近似方程获得系统的解析解。以上方法与第一类方法的区别之处在于通过定义边界条件来体现系统绳长变化的特点,如轴向移动绳系根据绳长的不同分为半无限绳长系统和有限绳长系统,按边界类型的复杂程度分为典型边界、非典型边界及混合边界,并针对不同的模型提出相应的响应求解方法。

　　轴向移动绳系统按边界类型的复杂程度分为典型边界、非典型边界及混合边界。典型边界一般指固定边界及自由边界;非典型边界指在边界处附有质量、阻尼、弹簧元件以及它们的组合;混合边界即系统既有典型边界,也有非典型边界。

　　缆车索道可分为支撑吊车重量的钢索和拉动吊车的钢索两类。如图 1-3 所示为支撑吊车重量的钢索。根据缆车架空索道的类别可以简化为定长度非移动绳模型(撑吊车重量的钢索)和定长度移动绳模型(拉动吊车的钢索)。图 1-4 为绳系卫星,航天器通过释放系绳来捕捉卫星,通过缆绳释放子星变轨或释放电动缆绳来衰减轨道,系绳质轻、柔性大、阻尼小,系绳的释放和回收可以通过推力器、引力和惯性力实现,可以简化为变长度绳模型。

第 2 章 动力学建模及振动基本特征

本章我们对轴向移动绳系进行动力学建模,分别建立解析模型以及有限元模型。哈密顿原理(Hamilton's principle)以及拉格朗日方程分别适合于材料连续系统以及材料离散系统的动力学方程建模,因此,本章利用以上两种方法对结构及边界简化后的轴向绳移系统分别建立用偏微分方程以及微分方程组描述的动力学模型。轴向移动绳系统属于材料非保守系统(即系统存在质量的流入和流出),传统的基于材料保守系统的哈密顿原理建模方法以及边界条件在这里需要修正。利用轴向移动绳的动力学解析模型,可以了解轴向移动绳系统的本质特征,研究轴向移动绳的一些动力学特性,如固有频率、稳定性等。

2.1 解析模型

2.1.1 哈密顿原理

轴向绳移系统存在质量流入和流出系统,不满足传统的哈密顿原理对于研究对象守恒不变的要求,需要对哈密顿原理进行修正。

非保守系统的哈密顿原理的动力学表达式为

$$\int_{t_1}^{t_2} [\delta(E_T - E_V) + \delta W_{nc}] dt = 0 \qquad (2-1)$$

其中,E_T 为动能,E_V 为势能,W_{nc} 为非保守力做的功,$\delta(\cdot)$ 为变分运算,t_1、t_2 为任意两时刻。由于保守系统中非保守力所做的功 W_{nc} 为零,即 $\delta W_{nc}=0$,则保守系统的哈密顿原理的动力学表达式为

$$\int_{t_1}^{t_2} \delta(E_T - E_V) dt = 0 \qquad (2-2)$$

理论上,利用哈密顿原理可以直接导出离散系统及连续系统的动力学运动方程。由于保守系统的能量公式都是用标量形式表示的,所以此动力学公式只与标量相关,而向量则应用于计算非保守力所做的功。

2.1.2　轴向绳移系统运动方程

非典型边界的轴向绳移系统为非保守系统,现以图 1-2(a) 中所示的固定及质量-弹簧-阻尼边界定长轴向绳移系统物理模型为例进行相关公式的推导。该模型的动能 E_{T}、势能 E_{V} 及非保守力做的功 W_{nc} 分别具有以下形式:

$$E_{\mathrm{T}} = \frac{1}{2}\int_0^{l_0} \rho\ (u_t + vu_x)^2\,\mathrm{d}x + \frac{1}{2}mu_t^2(l_0,t) \qquad (2-3)$$

$$E_{\mathrm{V}} = \frac{1}{2}\int_0^{l_0} (Pu_x^2)\,\mathrm{d}x + \frac{1}{2}ku^2(l_0,t) \qquad (2-4)$$

$$W_{\mathrm{nc}} = F_\eta u(l_0,t) \qquad (2-5)$$

其中,$u_t = \dfrac{\partial u}{\partial t}$ 是横向位移 u 对时间 t 的一阶偏导数,$u_x = \dfrac{\partial u}{\partial x}$ 是横向位移 u 对位置 x 的一阶偏导数,F_η 表示阻尼力,$F_\eta = -\eta u_t(l_0,t)$,$\rho$ 表示绳系线密度,P 表示张紧力,v 表示轴向绳移速度,m 为边界质量,k 为边界弹簧刚度。具有两个边界的轴向绳移系统是一个材料非保守的时变系统,修正后的哈密顿原理为

$$\int_{t_1}^{t_2} \left[\delta(E_{\mathrm{T}} - E_{\mathrm{V}}) + \delta W_{\mathrm{nc}}\right]\mathrm{d}t - \int_{t_1}^{t_2} \left[\rho v(u_t + vu_x)\delta u\right]\Big|_0^{l_0}\,\mathrm{d}t = 0 \qquad (2-6)$$

整理后得:

$$\delta\int_{t_1}^{t_2} (E_{\mathrm{T}} - E_{\mathrm{V}})\mathrm{d}t - \int_{t_1}^{t_2} \left[\rho v(u_t + vu_x)\delta u\right]\Big|_0^{l_0}\,\mathrm{d}t + \int_{t_1}^{t_2} F_\eta \delta u(l_0,t)\mathrm{d}t = 0 \qquad (2-7)$$

将式(2-3)至式(2-5)代入上式并变换后得到:

$$\delta\int_{t_1}^{t_2}\int_0^{l_0} \frac{1}{2}\rho u_t^2\,\mathrm{d}x\mathrm{d}t + \delta\int_{t_1}^{t_2}\int_0^{l_0} \rho v u_t u_x\,\mathrm{d}x\mathrm{d}t + \delta\int_{t_1}^{t_2}\int_0^{l_0} \frac{1}{2}(\rho v^2 - P)u_x^2\,\mathrm{d}x\mathrm{d}t +$$

$$\delta\int_{t_1}^{t_2} \frac{1}{2}mu_t^2(l_0,t)\mathrm{d}t - \int_{t_1}^{t_2} \left[\rho v(u_t + vu_x)\delta u\right]\Big|_0^{l_0}\,\mathrm{d}t - \delta\int_{t_1}^{t_2} \frac{1}{2}ku^2(l_0,t)\mathrm{d}t$$

$$- \int_{t_1}^{t_2} \eta u_t(l_0,t)\delta u(l_0,t)\mathrm{d}t = 0 \qquad (2-8)$$

对式(2-8)等号左边前五项应用分部积分得

$$\delta\int_{t_1}^{t_2}\int_0^{l_0} \frac{1}{2}\rho u_t^2\,\mathrm{d}x\mathrm{d}t = \int_0^{l_0} \rho u_t\delta u\Big|_{t_1}^{t_2} - \int_{t_1}^{t_2} (\rho u_{tt} + \rho_t u_t)\delta u\,\mathrm{d}t\mathrm{d}x \qquad (2-9)$$

$$\delta \int_{t_1}^{t_2} \int_0^{l_0} \rho v u_t u_x \mathrm{d}x\mathrm{d}t = \int_0^{l_0} 2\rho v u_x \delta u \Big|_{t_1}^{t_2} - \int_{t_1}^{t_2} (2\rho v u_{xt} + 2\rho_t v u_x + 2\rho v_t u_x)\delta u \, \mathrm{d}t\mathrm{d}x$$

$$(2-10)$$

$$\delta \int_{t_1}^{t_2} \int_0^{l_0} \frac{1}{2}(\rho v^2 - P) u_x^2 \, \mathrm{d}x\mathrm{d}t = \int_{t_1}^{t_2} (\rho v^2 - P) u_x \delta u \Big|_0^{l_0}$$

$$- \int_0^{l_0} \big[(\rho v^2 - P) u_{xx} + \rho_x v^2 u_x\big] \delta u \, \mathrm{d}x\mathrm{d}t \qquad (2-11)$$

$$\delta \int_{t_1}^{t_2} \frac{1}{2} m u_t^2(l_0,t)\mathrm{d}t = m u_t \delta u(l_0,t)\Big|_{t_1}^{t_2} - \int_{t_1}^{t_2} \big[m u_{tt}(l_0,t) + m_t u_t(l_0,t)\big]\delta u(l_0,t)\mathrm{d}t$$

$$(2-12)$$

$$\int_{t_1}^{t_2} \big[\rho v(u_t + v u_x)\delta u\big]\Big|_0^{l_0} \mathrm{d}t = -\frac{1}{2}\rho v \delta u \Big|_0^{l_0}\Big|_{t_1}^{t_2} + \frac{1}{2}\int_{t_1}^{t_2} \rho_t v u \delta u \Big|_0^{l_0}$$

$$+ \rho v_t u \delta u \Big|_0^{l_0} \mathrm{d}t - \int_{t_1}^{t_2} \rho v^2 u_x \delta u \Big|_0^{l_0} \mathrm{d}t \qquad (2-13)$$

其中，$u_{tt} = \dfrac{\partial^2 u}{\partial t^2}$ 是位移对时间的二阶偏导数，$u_{xt} = \dfrac{\partial^2 u}{\partial x \partial t}$ 是位移对时间和坐标的二阶偏导数，$u_{xx} = \dfrac{\partial^2 u}{\partial x^2}$ 是位移对坐标的二阶偏导数。根据哈密顿原理，应满足时间终止条件，即

$$t = t_1, \delta u = 0; t = t_2, \delta u = 0 \qquad (2-14)$$

将式(2-9)至式(2-13)代入式(2-8)得：

$$\int_0^{l_0} \int_{t_1}^{t_2} \big[-\rho u_{tt} - \rho_t u_t + u_x(-2\rho_t v - 2\rho v_t - \rho_x v^2) - 2\rho v u_{xt} - (\rho v^2 - P) u_{xx}\big]\delta u \, \mathrm{d}t\mathrm{d}x$$

$$+ \int_{t_1}^{t_2} \big[-P u_x \delta u \big|_0^{l_0} + \frac{1}{2}\rho_t v u \delta u \big|_0^{l_0} + \frac{1}{2}\rho v_t u \delta u \big|_0^{l_0} - k u(l_0,t)\delta u(l_0,t)$$

$$- (m u_{tt}(l_0,t) + m_t u_t(l_0,t))\delta u(l_0,t) - \eta u_t(l_0,t)\delta u(l_0,t)\big]\mathrm{d}t = 0 \qquad (2-15)$$

　　由于在区间$(0,l_0)$上，δu 的变异是任意的，所以只有当上式单项均等于零时，等式才能满足，于是得到：

$$-\rho u_{tt} - \rho_t u_t + u_x(-2\rho_t v - 2\rho v_t - \rho_x v^2) - 2\rho v u_{xt} - (\rho v^2 - P) u_{xx} = 0 \qquad (2-16)$$

$$Pu_x(l_0,t) - \frac{1}{2}\rho_t vu(l_0,t) - \frac{1}{2}\rho v_t u(l_0,t) + ku(l_0,t) +$$

$$mu_{tt}(l_0,t) + m_t u_t(l_0,t) + \eta u_t(l_0,t) = 0 \qquad (2-17)$$

式(2-16)即为轴向移动绳的运动方程,式(2-17)为右边界条件。

当阻尼系数 η、绳系线密度 ρ、张紧力 P、轴向移动速度 v、边界质量 m、边界弹簧刚度 k 为常数时,运动方程与边界条件为

$$u_{tt} + 2vu_{xt} + \left(v^2 - \frac{P}{\rho}\right)u_{xx} = 0 \qquad (2-18)$$

$$Pu_x(l_0,t) + ku(l_0,t) + mu_{tt}(l_0,t) + \eta u_t(l_0,t) = 0 \qquad (2-19)$$

2.1.3 边界条件

结合式(2-19),可得左端固定、右端为质量-弹簧-阻尼的边界条件满足以下方程:

$$\begin{cases} u(0,t) = 0 \\ mu_{tt}(l_0,t) + ku(l_0,t) + \eta u_t(l_0,t) = -Pu_x(l_0,t) \end{cases} \qquad (2-20)$$

同理,针对图 1-1(b)与图 1-1(c)中对应边界的轴向绳移系统模型,可得左侧与右侧的边界条件分别有:

图 1-1(b),固定及阻尼边界

$$\begin{cases} u(0,t) = 0 \\ \eta u_t(l_0,t) = -Pu_x(l_0,t) \end{cases} \qquad (2-21)$$

图 1-1(c),固定及弹簧-阻尼边界

$$\begin{cases} u(0,t) = 0 \\ ku(l_0,t) + \eta u_t(l_0,t) = -Pu_x(l_0,t) \end{cases} \qquad (2-22)$$

当右端为自由边界时,其边界条件为

$$u_x(l_0,t) = 0 \qquad (2-23)$$

对于变长度情况,只需将上式的 l_0 换成 $l(t)$ 即可。

轴向绳移系统模型按绳的边界类型的不同可以分为典型边界和非典型边界,其中典型边界包含固定、自由边界,非典型边界指包含有阻尼、弹簧、质量等元素的

边界。另外,边界条件还可以按表达式的特征进行分类。边界条件表达式一般写成 $Au + Bu' = C$ 的形式,有以下分类:

(1) 当 $A \neq 0, B = 0$ 时,为第一类边界条件(Dirichlet 边界条件)

弦两端点固定属于第一类边界条件,弦两端点 0、l_0 位置处固定在水平位置,即

$$\begin{cases} u(0,t) = 0 \\ u(l_0,t) = 0 \end{cases}, t \in [0,\infty) \tag{2-24}$$

更一般地可以表示为

$$\begin{cases} u(0,t) = \mu_1(t) \\ u(l_0,t) = \mu_2(t) \end{cases}, t \in [0,\infty) \tag{2-25}$$

(2) 当 $A = 0, B \neq 0$ 时,为第二类边界条件(Neumann 边界条件)

弦的自由边界属于第二类边界条件,弦的端点处的斜率为 0,绳在端点处以水平方向移入移出系统,即

$$\begin{cases} u_x(0,t) = 0 \\ u_x(l_0,t) = 0 \end{cases}, t \in [0,\infty) \tag{2-26}$$

更一般地可以表示为

$$\begin{cases} u_x(0,t) = \mu_1(t) \\ u_x(l_0,t) = \mu_2(t) \end{cases}, t \in [0,\infty) \tag{2-27}$$

(3) 当 $A \neq 0, B \neq 0$ 时,为第三类边界条件(Robin 边界条件)

弦的两端点 0、l_0 位置处放置在弹性支承上,由胡克定律 $F = -ku$ 知

$$\begin{cases} P \dfrac{\partial u(0,t)}{\partial x} = ku(0,t) \\ -P \dfrac{\partial u(l_0,t)}{\partial x} = ku(l_0,t) \end{cases}, t \in [0,\infty) \tag{2-28}$$

更一般地可以表示为

$$\begin{cases} P \dfrac{\partial u(0,t)}{\partial x} - ku(0,t) = \mu_1(t) \\ -P \dfrac{\partial u(l_0,t)}{\partial x} - ku(l_0,t) = \mu_2(t) \end{cases}, t \in [0,\infty) \tag{2-29}$$

轴向绳移系统常用的边界类型与边界约束条件见表 2-1 所列,其中,固定边界

属于第一类边界条件,自由边界属于第二类边界条件,阻尼边界、弹簧-阻尼边界、质量-弹簧-阻尼边界属于第三类边界条件。

表 2-1   轴向绳移系统常用的边界类型与边界约束条件

	边界类型	边界示意图	边界约束条件
典型边界	固定边界		$u(l_0,t)=0$
	自由边界		$u_x(l_0,t)=0$
非典型边界	阻尼边界		$\eta u_t(l_0,t)=-Pu_x(l_0,t)$
	弹簧-阻尼边界		$ku(l_0,t)+\eta u_t(l_0,t)$ $=-Pu_x(l_0,t)$
	质量-弹簧-阻尼边界		$mu_{tt}(l_0,t)+ku(l_0,t)+$ $\eta u_t(l_0,t)=-Pu_x(l_0,t)$

注:默认为右边界 $x=l_0$,若为左边界,则将方程中的 x 坐标 l_0 改为 0,并将张紧力 P 改为 $-P$。

2.1.4　牛顿力学方法建立动力学方程

除了基于哈密顿原理建立轴向移动弦线的动力学方程外,还可以利用传统的牛顿力学体系建立动力学方程。针对简单边界,如图 2-1 所示,设有一根张紧、均匀且柔软的长度为 l 的细弦,以轴向速度 v 沿轴向方向匀速移动,其在垂直于弦方向上,受外力作用,在平衡位置附近作微小的横向振动。

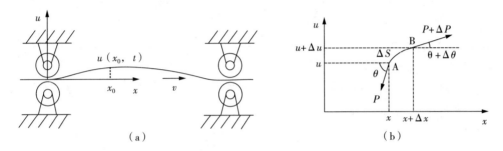

（a）　　　　　　　　　　　　　　　　　（b）

图 2-1　简单边界轴向移动弦横向振动及微段受力分析

为简化建模过程,针对移动弦线模型做出如下假设:

（1）忽略移动弦线的轴向振动和非线性几何变形的影响,假设移动弦线的横向振动为小振幅振动;

（2）横截面极小,相比于弦的长度可以忽略;

（3）各质点间的张紧力方向和弦线的切线方向一致;

（4）当移动轴线横向振动时,其平移速度 v、弹性模量 E、横截面积 A、线密度 ρ 和张紧力 P 等量均为常数。

如图 2-1(b) 所示,取一长度为 Δs 的弦线微元段,其在 x 轴方向坐标跨度为 $(x,x+\Delta x)$,u 方向上的坐标跨度为 $(u,u+\Delta u)$。在选定弦线微元的左、右两个端点处,分别受到 P 和 $(P+\Delta P)$ 的张紧力作用,其与水平方向所夹的锐角分别为 θ 和 $(\theta+\Delta\theta)$。 由 D'Alembert 原理,A 端和 B 端拉力的竖直分力和 Δs 段惯性力合力为 0,即满足式(2-30)。

$$(P+\Delta P)\sin(\theta+\Delta\theta)-P\sin\theta-\rho\Delta s\frac{\mathrm{d}^2 u}{\mathrm{d}t^2}=0 \qquad (2-30)$$

由于假设张紧力 P 为常量,故 $\Delta P=0$。在微元段 Δs 内,由小振幅假设,可知 $\sin\theta$ 及 $\sin(\theta+\Delta\theta)$ 约等于 θ 及 $(\theta+\Delta\theta)$,经化简可写作:

$$P\Delta\theta-\rho\Delta s\frac{\mathrm{d}^2 u}{\mathrm{d}t^2}=0 \qquad (2-31)$$

在微元弧段 Δs 内,满足 $\Delta s = \sqrt{(\Delta x)^2 + (\Delta u)^2}$。当 Δx 趋近于 0 时,将 Δs 关于 Δx 进行泰勒展开,有 $\Delta s \approx \Delta x$,结合图 2-1,以及实际几何含义,有 $\theta = \partial u / \partial x$,得下式:

$$P \frac{\partial^2 u}{\partial x^2} - \rho \frac{\mathrm{d}^2 u}{\mathrm{d}t^2} = 0 \qquad (2-32)$$

由图 2-2 所示,移动弦上任意一点的位矢向量满足:

$$\boldsymbol{r} = x(t)\boldsymbol{e}_x + u(x,t)\boldsymbol{e}_u \qquad (2-33)$$

其中,$\boldsymbol{e}_x$ 和 $\boldsymbol{e}_u$ 分别表示沿 x 和 u 正方向的单位向量。由于绳系中质点在轴向以速度 v 匀速运动,其点的横向振动 u 满足 $u = u(x,t)$,u 的速度及加速度满足下式:

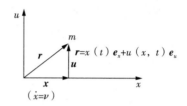

图 2-2   质点位置矢量

$$\frac{\mathrm{d}u}{\mathrm{d}t} = v \frac{\partial u}{\partial x} + \frac{\partial u}{\partial t}$$

$$\frac{\mathrm{d}^2 u}{\mathrm{d}t^2} = \frac{\mathrm{d}}{\mathrm{d}t}\left(v \frac{\partial u}{\partial x} + \frac{\partial u}{\partial t}\right) = a \cdot \frac{\partial u}{\partial x} + v \cdot \frac{\mathrm{d}}{\mathrm{d}t}\left(\frac{\partial u}{\partial x}\right) + \frac{\mathrm{d}}{\mathrm{d}t}\left(\frac{\partial u}{\partial t}\right)$$

$$= a \frac{\partial u}{\partial x} + v \cdot \left(\frac{\partial^2 u}{\partial x^2}v + \frac{\partial^2 u}{\partial x \partial t}\right) + \frac{\partial^2 u}{\partial x \partial t}v + \frac{\partial^2 u}{\partial t^2}$$

$$= a \cdot \frac{\partial u}{\partial x} + v^2 \frac{\partial^2 u}{\partial x^2} + 2v \frac{\partial^2 u}{\partial x \partial t} + \frac{\partial^2 u}{\partial t^2} \qquad (2-34)$$

将式(2-34)代入式(2-32)并且由于加速度 $a = 0$,整理可得:

$$\frac{\partial^2 u}{\partial t^2} + 2v \frac{\partial^2 u}{\partial x \partial t} + (v^2 - c^2) \frac{\partial^2 u}{\partial x^2} = 0 \qquad (2-35)$$

式(2-35)即为通过牛顿力学方法推导出的轴向移动弦线横向振动方程,它与前述部分基于哈密顿原理推导出的振动方程形式一致。

2.1.5　考虑周围流体介质的轴向移动绳模型

高速轴向移动绳与周围空气等流体介质的相互作用影响不可忽略。外界环境的非保守力做功机理复杂,移动绳利用速度差、相位差以及黏度梯度从介质中获得能量而产生大位移振幅颤振。需要获得环境作用的解析模型以及求解位移响应及能量计算的有效方法。以下介绍两种建立数学模型的方法:

1. 根据边界层理论建立数学模型

长期以来,有关该类型问题的分析往往都限制在简化的一维情况下进行,Wu

对流体介质作用下游泳鱼模型的附加质量项做出论证。B. C. Sakiadis 研究了连续固体表面的边界层流动,并且给出了二维情况下连续轴对称固体表面的边界层方程。同时提出两个用于研究连续固体表面边界层行为的方法,一种方法按涉及边界层方程的数值解,另外一种是基于满足适当边界条件的假定速度剖面的积分方法。结果证明这两种求解方法的结果是一致的。J. Niemi 等人从理想流体作用下的轴向移动薄膜入手分析其横向振动特性,与常见的耦合离散方程不同之处在于考虑对流加速度的存在,在离散方程中添加了附加惯性项,最终得到的结果与实验结果有很好的吻合。T. Frondelius 等通过从边界层理论考虑运动带与周围空气之间的相互作用来提高早期分析结果的准确性,在计算连续平坦结构表面的边界层模型时考虑了空气微粒的黏性。

图 2-3 为轴向移动带耦合系统的微分单元,流体介质居于移动带的上下两个表面,移动带本身厚度为 h,宽度为 b,$v(y)$ 表示移动带耦合单元各部分的速度,周围流体介质为理想流体。该模型在空间上将整个移动带系统离散化为有限个长度相同单元体,该单元体包含移动带以及上下两表面的流体介质,共同构成了一个子系统,分析这个子系统的横向振动问题以及流体介质与移动带的作用机理问题,便将整个连续体系统的横向振动问题转化为有限节点单元体的横向振动问题。

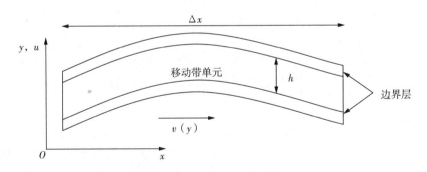

图 2-3　轴向移动带耦合系统的微分单元

通过边界层理论将流体介质与移动带表面之间的耦合问题简单化,便可以把流体介质离散化为有限单元体,流体介质单元体和移动带微分单元成为一个整体单元,这个整体的分析结果也代表着整个系统的分析结果。

系统的横向振动的动能表达式为

$$E_k = \frac{1}{2} \int_{-\infty}^{+\infty} \int_{0}^{l} b\rho(y)(u_t^2 + 2u_t u_x v(y) + u_x v^2(y)) \mathrm{d}x \mathrm{d}y \qquad (2-36)$$

其中,$u_t = \dfrac{\partial u(x,t)}{\partial t}$ 代表轴向移动带横向位移振动对时间 t 的偏导数,$u_x = \dfrac{\partial u(x,t)}{\partial x}$

代表轴向移动带横向位移振动对坐标 x 的偏导数；b 表示轴向移动带的宽度；$\rho(y)$ 表示轴向移动带的密度。

移动带的势能为

$$E_P = \frac{1}{2}\int_{-\infty}^{+\infty}\int_0^l P(y)u_x^2 \, \mathrm{d}x\mathrm{d}y \tag{2-37}$$

其中，$P(y)$ 表示系统中各部分的张紧力，边界层与移动带看作一个单元，但是由于材料特性的不同，系统中的物理特性都用分段函数表示：

$$\rho(y) = \begin{cases} \rho_s, & -\dfrac{h}{2} \leqslant y \leqslant \dfrac{h}{2} \\ \rho_f, & 其他 \end{cases} \tag{2-38}$$

$$v(y) = \begin{cases} v, & -\dfrac{h}{2} \leqslant y \leqslant \dfrac{h}{2} \\ v_f, & 其他 \end{cases} \tag{2-39}$$

$$P(y) = \begin{cases} P, & -\dfrac{h}{2} \leqslant y \leqslant \dfrac{h}{2} \\ 0, & 其他 \end{cases} \tag{2-40}$$

其中，ρ_s 为轴向移动带密度，ρ_f 为流体密度，v 为轴向移动带速度，v_f 为流体流速。

由哈密顿原理可以得到轴向移动带系统流固耦合横向振动的偏微分方程：

$$\int_{-\infty}^{+\infty}\left[b\rho(y)(u_{tt} + 2vu_{xt} + v^2 u_{xx}) - P(y)u_{xx}\right]\mathrm{d}y = 0 \tag{2-41}$$

对式（2-41）的积分区间按照式（2-38）至式（2-40）的分段区间进行分段，分为移动带上方流体、固体移动带本身以及移动带下方流体三部分，可以得到下列运动方程：

$$b\left(\int_{-h/2}^{h/2}\rho_s\mathrm{d}y + \int_{-\infty}^{-h/2}\rho_f\mathrm{d}y + \int_{h/2}^{+\infty}\rho_f\mathrm{d}y\right)u_{tt} + 2b\left(\int_{-h/2}^{h/2}\rho_s v\mathrm{d}y + \int_{-\infty}^{-h/2}\rho_f v_f\mathrm{d}y + \int_{h/2}^{+\infty}\rho_f v_f\mathrm{d}y\right)$$

$$u_{xt} + b\left(\int_{-h/2}^{h/2}\rho_s v^2\mathrm{d}y + \int_{-\infty}^{-h/2}\rho_f v_f^2\mathrm{d}y + \int_{h/2}^{+\infty}\rho_f v_f^2\mathrm{d}y\right)^2 u_{xx} - \int_{-h/2}^{h/2}\mathrm{d}y\,\frac{P}{h}u_{xx} = 0$$

$$\tag{2-42}$$

系统模型假设中，移动带的密度为定值，假设移动带单元质量为 m，那么可得到单元质量表达式：

$$m = b \int_{-h/2}^{h/2} \rho_s \, \mathrm{d}y = b \rho_s h \tag{2-43}$$

在微分方程模型中，边界层作为附加质量作用在移动带的上下表面上，用 m_a 表示：

$$m_a = b \left(\int_{h/2}^{+\infty} \rho_f \, \mathrm{d}y + \int_{-\infty}^{-h/2} \rho_f \, \mathrm{d}y \right) \tag{2-44}$$

运动方程中的第二部分附加质量项是由流体运动产生陀螺效应引起的，则有：

$$m_{aG} = \frac{b \rho_f}{v} \left(\int_{-\infty}^{-h/2} v_f(y) \, \mathrm{d}y + \int_{h/2}^{+\infty} v_f(y) \, \mathrm{d}y \right) \tag{2-45}$$

而公式中的最后一项的惯性项是由流体运动的离心力产生的，该惯性项的大小取决于移动带上下表面的边界层动量厚度，则有：

$$m_{aK} = \frac{b \rho_f}{v^2} \left[\int_{-\infty}^{-h/2} v_f^2 \, \mathrm{d}y + \int_{h/2}^{+\infty} v_f^2 \, \mathrm{d}y \right] \tag{2-46}$$

即可得到简化的运动方程：

$$(m + m_a) u_{tt} + 2(m + m_{aG}) v u_{xt} + \left[(m + m_{aK}) v^2 - P \right] u_{xx} = 0 \tag{2-47}$$

本节分别研究了定长度周围流体作用下轴向移动带系统的横向自由振动响应和变长度周围流体作用下轴向移动带系统的横向自由振动响应，并且把这两种振动响应与真空条件下的振动响应互相进行比较分析。系统的数值求解初始条件为

$$\begin{cases} u(x,0) = A_0 \sin(\pi x / l) \\ \dot{u}(x,0) = 0 \end{cases} \tag{2-48}$$

定长度轴向移动带和变长度轴向移动带的边界条件分别为

$$u(0,t) = u(l,t) = 0 \tag{2-49}$$

$$u(0,t) = u[l(t),t] = 0 \tag{2-50}$$

通过 MATLAB 数值仿真可以计算表 2-2 中不同参数条件下的横向自由振动响应曲线。

表 2-2　流体介质作用下的定长度轴向移动带系统的基本参数值

组	n(单元数)	l/m	$\Delta t / \mathrm{s}$	$v/(\mathrm{m/s})$	A_0/m	P/N
a	20	4	0.02	0.5	0.01	10
b	20	4	0.02	-0.5	0.01	10
c	20	4	0.02	1	0.05	10
d	20	4	0.02	-1	0.05	10

图 2-4 中横坐标表示的是经过无量纲化后的绳长 x/l，纵坐标表示的是移动带横向振动位移与初始时刻中点横向位移的比值 $u(x,t)/A_0$，其中图（a）和图（c）表示的是移动带从左往右移动，图（b）和（d）表示的是移动带从右往左移动。轴向移动带的初始偏转形状为其一阶振型，但因为流体介质的影响，在横坐标 $x = 0.6$ 之后出现了轻微扰动。当速度变大时，流体介质对轴向移动带的振动影响越明显。

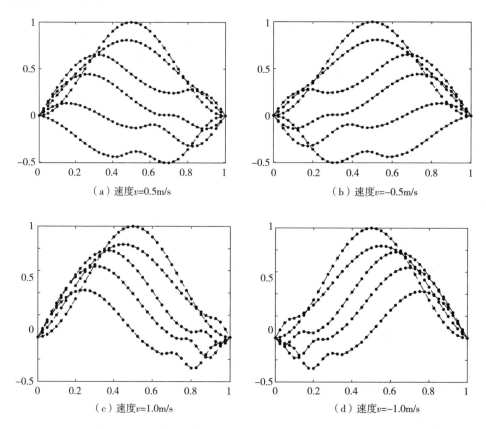

（a）速度v=0.5m/s   （b）速度v=-0.5m/s

（c）速度v=1.0m/s   （d）速度v=-1.0m/s

图 2-4   流体介质作用下通过 Newmark-Beta 方法求解的
定长度轴向移动带系统横向自由振动响应

图 2-5 为流体介质作用下的变长度轴向移动带系统横向自由振动的位移响应曲线图。轴向移动带的长度随时间增长而增长，所以流体介质对轴向移动带的影响也是从弱到强，也就导致了轴向移动带的振动曲线只有一开始的部分较规律，后半部分则逐渐趋向于紊乱。

2. 根据势流理论建模分析

如图 2-6 所示，一个浸没在势流中的移动带，其中自由流体以速度 v_∞ 向右流

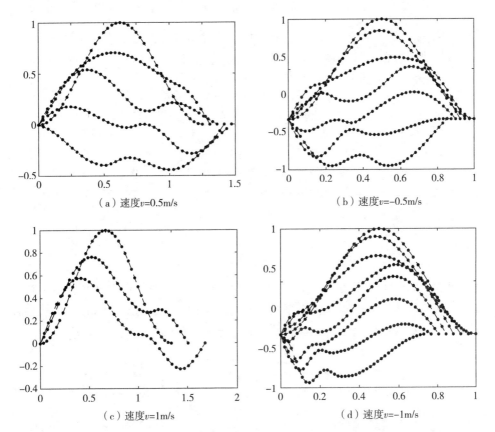

（a）速度v=0.5m/s　　　　　　　　（b）速度v=-0.5m/s

（c）速度v=1m/s　　　　　　　　（d）速度v=-1m/s

图 2-5　流体介质作用下变长度轴向移动带系统横向自由振动位移响应曲线图

动,移动带以 v_0 向右移动,对 u 方向的受力以及运动状态进行分析,移动带运动方程为

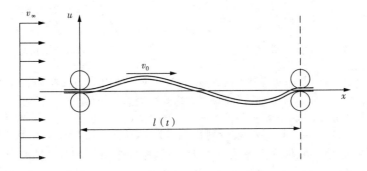

图 2-6　处于流体中的移动带系统物理模型

$$\rho u_{tt} + 2\rho v_0 u_{xt} + (\rho v_0^2 - P)u_{xx} = q_f \qquad (2-51)$$

其中,$u = u(x,t)$,ρ 为单位长度移动带密度,P 为移动带的张紧力,q_f 为流体作用力。

根据势流理论和流体动力学可以将 q_f 进行化简:

$$q_f = -\frac{\pi}{4}\rho_f(u_{tt} + 2v_\infty u_{xt} + v_\infty^2 u_{xx}) \qquad (2-52)$$

其中,ρ_f 为流体介质密度,即有:

$$\rho u_{tt} + 2\rho v_0 u_{xt} + (\rho v_0^2 - P)u_{xx} = -\frac{\pi}{4}\rho_f(u_{tt} + 2v_\infty u_{xt} + v_\infty^2 u_{xx}) \quad (2-53)$$

令 $\rho_v = \dfrac{\pi \rho_f}{4}$,$k = \dfrac{v_\infty}{v_0}$,则有:

$$(\rho + \rho_v)u_{tt} + 2v_0(\rho + k\rho_v)u_{xt} + v_0^2(\rho + k^2\rho_v)u_{xx} - Pu_{xx} = 0 \quad (2-54)$$

通过 MATLAB 用 Newmark-Beta 数值方法可以计算不同参数条件下的横向自由振动响应曲线。图 2-7 中横坐标表示的是经过无量纲化后的绳长 x/l,纵坐标表示的是移动带横向振动位移与初始时刻中点横向位移的比值 $u(x,t)/A_0$。

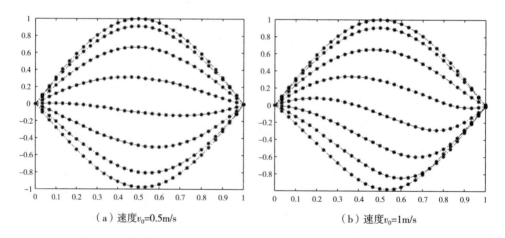

（a）速度 $v_0=0.5$m/s   （b）速度 $v_0=1$m/s

图 2-7   真空条件不同速度下通过 Newmark-Beta 方法求解的
定长度轴向移动带系统横向自由振动响应

由图 2-7 和图 2-8 可以看到,静止的流体介质在一定程度上抑制了轴向移动带的横向振动,随着流体介质密度的增大,抑制振动效果加剧。由图 2-8 和图 2-9 可以看到,流体介质速度的增加在一定程度上抑制了轴向移动带的横向振动,随着流体速度的增大,抑制振动效果加剧。

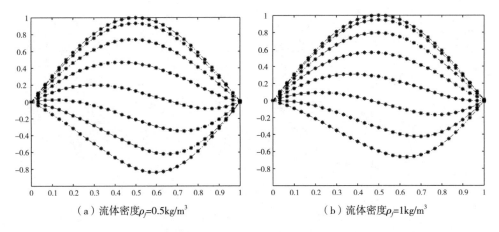

（a）流体密度ρ_f=0.5kg/m^3　　　　　　　　　（b）流体密度ρ_f=1kg/m^3

图 2 - 8　不同流体介质下定长度轴向移动带系统横向自由振动响应
（移动带速度为 1m/s；流体介质静止）

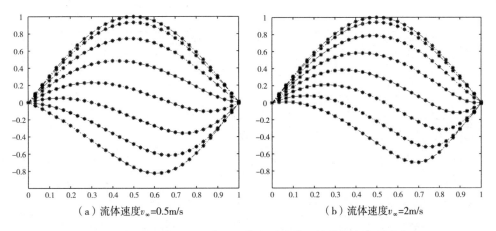

（a）流体速度v_∞=0.5m/s　　　　　　　　　（b）流体速度v_∞=2m/s

图 2 - 9　不同流体速度下定长度轴向移动带系统横向自由振动响应
（移动带速度为 1m/s；流体介质密度为 1kg/m^3）

3.COMSOL 流固耦合物理场仿真

模型定义：模型几何结构中包含了一个移动带结构，管道内存在流体流动，如图 2 - 10 所示。

流体域为长为 1250μm、高为 200μm 的通道。移动带结构的位移初始条件为 $y=0.1\times\sin(\pi x/400)$，移动带的边界条件为两端固定，在整个运动过程中轴向移动带的长度保持不变，移动带速度为 10μm/s，受初始拉力为 10N。

流体的法向流入速度按照图 2 - 11 阶跃函数 step1 的数值从左侧进入通道，从右侧流出，假定入口速度分布为充分发展的流动。

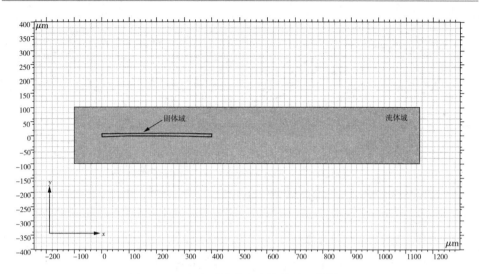

图 2 - 10　包含固体域和流体域的几何模型

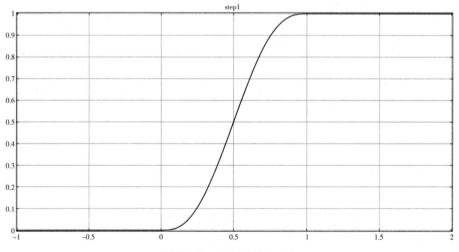

图 2 - 11　入口速度 step1

流体和固体材料属性见表 2 - 3 所列。

表 2 - 3　流体和固体材料属性

参数	值
密度	1000kg/m^3
动力黏度	1Pa/s
杨氏模量	5.6MPa
泊松比	0.4

所研究的物理量是不同时刻移动带定长度轴向在流体介质作用下的横向振动位移,如图 2-12 所示。

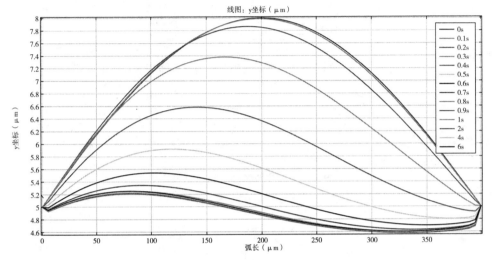

图 2-12　不同时刻移动带横向振动位移

2.2　有限元模型

2.2.1　基于拉格朗日方程的有限元建模

有限元法是通过将移动绳离散为有限数量且长度相同的移动绳单元,将空间上连续的轴向移动绳横向振动求解转化为有限单元横向振动位移的求解,每个单元代表移动绳上固定的质点,因此可以在单个移动绳单元上计算能量,利用哈密顿原理建立运动控制方程,并将所有单元的运动方程组合起来得到全局矩阵的运动学方程组,并通过数值计算方法求得整个移动绳系统的横向振动位移。

本节以两端固定的变长度轴向移动绳系统为例,如图 2-13 所示,$w(x,t)$ 表示坐标 x 在时刻 t 的横向位移,w_x 及 w_t 分别表示 w 对 x 及 t 的一阶偏导,$l(t)$ 代表边界之间绳子的长度随时间变化,P 表示绳子中的张紧力,$\dot{x}(t)$ 代表绳子的移动速度。基于有限元法将移动绳系统离散为 n 个单元,如图 2-14 所示,综合考虑绳系离散化后横向振动位移表达的准确性,故此次选取一次形函数,每个绳单元的长度相同,且具有左右两个端点,整个移动绳系统有 $2n$ 个节点。

由于不考虑阻尼,根据拉格朗日方程,有拉格朗日量:

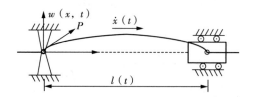

图 2 - 13   变长度轴向移动绳系统

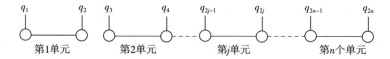

图 2 - 14   轴向移动绳离散分解图

$$L = E_k - E_p \tag{2-55}$$

其中，E_k 为动能，E_p 为势能：

$$E_k = \frac{1}{2}\int_0^{l(t)} \rho(\dot{x}^2 + w_t^2 + 2w_t w_x \dot{x} + w_x^2 \dot{x}^2)\mathrm{d}x \tag{2-56}$$

$$E_p = \frac{1}{2}\int_0^{l(t)} P w_x^2 \mathrm{d}x + \frac{1}{8}\int_0^{l(t)} EA w_x^4 \mathrm{d}x \tag{2-57}$$

结合有限元离散来描述定长度轴向移动绳系统横向振动，则其第 j 个单元的横向振动位移可描述为

$$w(x,t) = \boldsymbol{N}_j(x,l(t))\boldsymbol{q}_j(t) \tag{2-58}$$

其中，$\boldsymbol{N}_j(x,l(t))$ 是形函数，$w(x,t)$ 表示在有限元法下的系统横向位移振动，$\boldsymbol{N}_j$ 具体形式为

$$\boldsymbol{N}_j = \left[j - \frac{nx}{l(t)}, \frac{nx}{l(t)} - j + 1 \right] \tag{2-59}$$

则第 j 个移动绳单元在 $2j-1$ 和 $2j$ 节点间的横向振动位移 $\boldsymbol{q}_j$ 可表示为

$$\boldsymbol{q}_j = [q_{2j-1}, q_{2j}]^{\mathrm{T}}, j = 1, 2, \cdots, n \tag{2-60}$$

将式(2-59)和式(2-60)代入式(2-58)并求出 w_x 及 w_t，将 w_x 及 w_t 代入式(2-56)及式(2-57)，将该两式代入上述拉格朗日量式(2-55)中，即可计算得到第 j 个单元的拉格朗日量如下：

$$L_j = E_{kj} - E_{pj} = \frac{1}{2}d_j + \frac{1}{2}\boldsymbol{q}_j^{\mathrm{T}}\boldsymbol{k}_{j1}\boldsymbol{q}_j + \boldsymbol{q}_j^{\mathrm{T}}\boldsymbol{k}_{j2}\boldsymbol{q}_j + \frac{1}{2}\boldsymbol{q}_j^{\mathrm{T}}\boldsymbol{k}_{j3}\boldsymbol{q}_j$$

$$+ \boldsymbol{q}_j^{\mathrm{T}} \boldsymbol{c}_{j1} \dot{\boldsymbol{q}}_j + \dot{\boldsymbol{q}}_j^{\mathrm{T}} \boldsymbol{c}_{j2} \boldsymbol{q}_j + \frac{1}{2} \dot{\boldsymbol{q}}_j^{\mathrm{T}} \boldsymbol{m}_j \dot{\boldsymbol{q}}_j - \boldsymbol{S}_j(q_{2j-1}, q_{2j}) \tag{2-61}$$

其中,各项表达式分别为

$$d_j = \rho \int_{x_j}^{x_{j+1}} \dot{x}^2 \, \mathrm{d}x \tag{2-62}$$

$$\boldsymbol{k}_{j1} = \frac{\rho \dot{l}(t)^2 (3j^2 - 3j + 1)}{3l(t)n} \begin{bmatrix} 1 & -1 \\ -1 & 1 \end{bmatrix} \tag{2-63}$$

$$\boldsymbol{k}_{j2} = \frac{\rho \dot{l}(t) \dot{x}(t)(1 - 2j)}{2l(t)} \begin{bmatrix} 1 & -1 \\ -1 & 1 \end{bmatrix} \tag{2-64}$$

$$\boldsymbol{k}_{j3} = \left[\frac{\rho \dot{x}(t)^2 n}{l(t)} - \frac{Pn}{l(t)} \right] \begin{bmatrix} 1 & -1 \\ -1 & 1 \end{bmatrix} \tag{2-65}$$

$$c_{j1} = \frac{\rho \dot{l}(t)j}{2n} \begin{bmatrix} 1 & 1 \\ -1 & -1 \end{bmatrix} - \frac{\rho \dot{l}(t)}{6n} \begin{bmatrix} 2 & 1 \\ -2 & -1 \end{bmatrix} \tag{2-66}$$

$$c_{j2} = \frac{\rho \dot{x}(t)}{2} \begin{bmatrix} -1 & 1 \\ -1 & 1 \end{bmatrix} \tag{2-67}$$

$$\boldsymbol{m}_j = \frac{\rho l(t)}{6n} \begin{bmatrix} 2 & 1 \\ 1 & 2 \end{bmatrix} \tag{2-68}$$

$$S_j(q_{2j-1}, q_{2j}) = \frac{1}{2} EA \, \frac{n^3}{l(t)^3} \begin{bmatrix} (q_{2j-1} - q_{2j})^3 \\ -(q_{2j-1} - q_{2j})^3 \end{bmatrix} \tag{2-69}$$

特别地,式(2-69)为系统非线性项。第 j 单元的拉格朗日方程为

$$\frac{\mathrm{d}}{\mathrm{d}t} \left(\frac{\partial L_j}{\partial \dot{\boldsymbol{q}}_j^{\mathrm{T}}} \right) - \frac{\partial L_j}{\partial \boldsymbol{q}_j^{\mathrm{T}}} = 0 \tag{2-70}$$

将式(2-61)所示的离散单元 j 的拉格朗日量 L_j 代入式(2-70),可得离散单元 j 的自由振动运动方程如下:

$$\boldsymbol{m}_j \ddot{\boldsymbol{q}}_j + \boldsymbol{c}_j \dot{\boldsymbol{q}}_j + \boldsymbol{k}_j \boldsymbol{q}_j + \boldsymbol{S}_j(q_{2j-1}, q_{2j}) = 0 \tag{2-71}$$

其中,

$$\boldsymbol{k}_j = \dot{\boldsymbol{c}}_{j1}^{\mathrm{T}} + \dot{\boldsymbol{c}}_{j2} + \boldsymbol{k}_{j1} + 2\boldsymbol{k}_{j2} + \boldsymbol{k}_{j3} \tag{2-72}$$

$$c_j = c_{j1}^{\mathrm{T}} + c_{j2} + \dot{m}_j - c_{j1} - c_{j2}^{\mathrm{T}} \tag{2-73}$$

式(2-71)～式(2-73)即为移动绳单个离散单元运动方程。整个 n 等分的轴向移动绳系统具有 n 个形似式(2-71)的运动方程,如式(2-74)所示:

$$M_L(t)\ddot{q} + C_L(t)\dot{q} + K_L(t)q + N_L(t) = 0 \tag{2-74}$$

其中,M_L、C_L、K_L 和 N_L 均为局部坐标系下的系数矩阵,其具体表达式为

$$M_L(t) = \begin{bmatrix} m_1 & 0 & 0 \\ 0 & \ddots & 0 \\ 0 & 0 & m_n \end{bmatrix},\ C_L(t) = \begin{bmatrix} c_1 & 0 & 0 \\ 0 & \ddots & 0 \\ 0 & 0 & c_n \end{bmatrix},\ K_L(t) = \begin{bmatrix} k_1 & 0 & 0 \\ 0 & \ddots & 0 \\ 0 & 0 & k_n \end{bmatrix},$$

$$N_L(t) = \begin{bmatrix} S_1 \\ S_2 \\ \vdots \\ S_n \end{bmatrix},\ q = \begin{bmatrix} q_1 \\ q_2 \\ \vdots \\ q_n \end{bmatrix} \tag{2-75}$$

基于有限元法得到了各离散单元的自由振动运动方程,还需要将各单元离散的局部坐标向量 q 转化为全局坐标向量 Q。q 和 Q 之间存在的几何转换关系如图 2-15 所示,由此,其各自分量 q_j 和 Q_{k+1} 应满足:

$$q_j = \begin{cases} Q_k, & j = 2k-1 \\ & ,(k = 1,2,3\cdots) \\ Q_{k+1}, & j = 2k \end{cases} \tag{2-76}$$

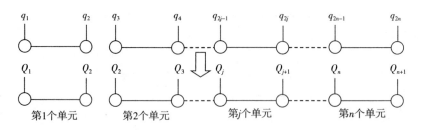

图 2-15　局部坐标和整体坐标

利用坐标变换构建矩阵 B,使 $q = BQ$,结合图 2-15 及式(2-76),得到的 B 和 Q 的表达式:

$$
\boldsymbol{B} = \begin{bmatrix}
1 & 0 & 0 & 0 & \cdots & 0 & 0 & 0 & 0 \\
0 & 1 & 1 & 0 & \cdots & 0 & 0 & 0 & 0 \\
0 & 0 & 0 & 1 & 1 & 0 & 0 & 0 & 0 \\
\vdots & \vdots & \vdots & \vdots & \vdots & \vdots & \vdots & \vdots & \vdots \\
0 & 0 & 0 & 0 & \cdots & 0 & 1 & 1 & 0 \\
0 & 0 & 0 & 0 & \cdots & 0 & 0 & 0 & 1
\end{bmatrix}^{\mathrm{T}}_{2n\times(n+1)}, \quad
\boldsymbol{Q} = \begin{bmatrix}
Q_1 \\ Q_2 \\ Q_3 \\ \vdots \\ Q_{n+1}
\end{bmatrix}
\tag{2-77}
$$

其中,矩阵 $\boldsymbol{B}$ 为 $2n\times(n+1)$ 阶矩阵。将 $\boldsymbol{q}=\boldsymbol{BQ}$ 代入式(2-74),绳移系统全局坐标下运动方程如下式所示:

$$
\boldsymbol{M}(t)\ddot{\boldsymbol{Q}} + \boldsymbol{C}(t)\dot{\boldsymbol{Q}} + \boldsymbol{K}(t)\boldsymbol{Q} + \boldsymbol{N}(t) = 0
\tag{2-78}
$$

其中,$\boldsymbol{M}(t)$、$\boldsymbol{C}(t)$、$\boldsymbol{K}(t)$ 和 $\boldsymbol{N}(t)$ 是全局坐标系下的矩阵,被定义为 $\boldsymbol{M}(t)=\boldsymbol{B}^{\mathrm{T}}\boldsymbol{M}_L(t)\boldsymbol{B},\boldsymbol{C}(t)=\boldsymbol{B}^{\mathrm{T}}\boldsymbol{C}_L(t)\boldsymbol{B},\boldsymbol{K}(t)=\boldsymbol{B}^{\mathrm{T}}\boldsymbol{K}_L(t)\boldsymbol{B}$ 和 $\boldsymbol{N}(t)=\boldsymbol{B}^{\mathrm{T}}\boldsymbol{N}_L(t)$,经过化简,$\boldsymbol{N}(t)$ 可转化为

$$
\boldsymbol{N}(t) = \frac{n^3}{2l(t)^3} EA
\begin{bmatrix}
(Q_1 - Q_2)^3 \\
(Q_2 - Q_3)^3 - (Q_1 - Q_2)^3 \\
\vdots \\
(Q_n - Q_{n+1})^3 - (Q_{n-1} - Q_n)^3 \\
-(Q_n - Q_{n+1})^3
\end{bmatrix}
\tag{2-79}
$$

由于实际上轴向移动绳系统非线性变形量很小,且非线性项 $\boldsymbol{N}(t)$ 对系统运动方程的数值求解带来很大困难,有时为了简化轴向移动绳系统模型,系统运动方程式(2-78)可以简化为式(2-80)所示形式:

$$
\boldsymbol{M}(t)\ddot{\boldsymbol{Q}} + \boldsymbol{C}(t)\dot{\boldsymbol{Q}} + \boldsymbol{K}(t)\boldsymbol{Q} = 0
\tag{2-80}
$$

2.2.2　质量流入流出系统边界单元矩阵处理

以定长绳系统为例,根据修正后的哈密顿原理式(2-6),修正项即等号左侧第二项体现了移动绳在边界质量的流入和流出,会对有限元系统边界单元产生影响,因此边界处的单元需要单独处理,将式(2-58)代入式(2-6)中的第二项得到

$$
\left[\rho v(u_t + vu_x)\delta u\right]\Big|_0^{l_0} = \left[-\rho v\delta \boldsymbol{q}_j^{\mathrm{T}} \boldsymbol{N}_j^{\mathrm{T}} \boldsymbol{N}_j \dot{\boldsymbol{q}}_j - \rho v^2 \delta \boldsymbol{q}_j^{\mathrm{T}} \boldsymbol{N}_j^{\mathrm{T}} \boldsymbol{N}_{jx} \boldsymbol{q}_j\right]_{x=0,j=1}^{x=l_0,j=n}
$$

$$= \delta \boldsymbol{q}_j^T (\boldsymbol{c}_r \dot{\boldsymbol{q}}_n + \boldsymbol{c}_l \dot{\boldsymbol{q}}_1 + \boldsymbol{k}_r \boldsymbol{q}_n + \boldsymbol{k}_l \boldsymbol{q}_1) \tag{2-81}$$

其中,$\boldsymbol{c}_r$ 为第 n 个单元需要添加的陀螺矩阵,$\boldsymbol{c}_r = -\rho v \boldsymbol{N}_j^T \boldsymbol{N}_j \big|_{x=l_0, j=n} = \begin{bmatrix} 0 & 0 \\ 0 & -\rho v \end{bmatrix}$;$\boldsymbol{k}_r$

为第 n 个单元需要添加的刚度矩阵,$\boldsymbol{k}_r = -\rho v^2 \boldsymbol{N}_j^T \boldsymbol{N}_{jx} \big|_{x=l_0, j=n} = \begin{bmatrix} 0 & 0 \\ \dfrac{n}{l_0} \rho v^2 & -\dfrac{n}{l_0} \rho v^2 \end{bmatrix}$;

$\boldsymbol{c}_l$ 为第 1 个单元需要添加的陀螺矩阵,$\boldsymbol{c}_l = -\rho v \boldsymbol{N}_j^T \boldsymbol{N}_j \big|_{x=0, j=1} = \begin{bmatrix} -\rho v & 0 \\ 0 & 0 \end{bmatrix}$;$\boldsymbol{k}_l$ 为第 1

个单元需要添加的刚度矩阵,$\boldsymbol{k}_l = -\rho v^2 \boldsymbol{N}_j^T \boldsymbol{N}_{jx} \big|_{x=0, j=1} = \begin{bmatrix} \dfrac{n}{l_0} \rho v^2 & -\dfrac{n}{l_0} \rho v^2 \\ 0 & 0 \end{bmatrix}$。

2.2.3　二次形函数有限元模型

为了提高计算精度以及算法稳定性,可以在上节的单元中增加一个节点,并利用二次形函数进行有限元建模。对于相同数量的单元,二次形函数需要更多的节点,从而在表示绳的偏转形状时比线性形函数更准确。二次形函数 $\boldsymbol{N}_j(x, l(t))$ 的详细表达式如下:

$$\boldsymbol{N}_j = \left[-\frac{(jl(t) - nx)(l(t) - 2jl(t) + 2nx)}{l(t)^2}, \frac{4(jl(t) - nx)(l(t) - jl(t) + nx)}{l(t)^2}, \right.$$

$$\left. \frac{(l(t) - jl(t) + nx)(l(t) - 2jl(t) + 2nx)}{l(t)^2} \right] \tag{2-82}$$

$\boldsymbol{q}_j$ 是包括单元 j 中的节点 $3j-2, 3j-1$ 和 $3j$ 的三个横向位移的矢量$(j=1, 2, \cdots, n)$,n 为单元数量,$\boldsymbol{q}_j = [q_{3j-2}(t), q_{3j-1}(t), q_{3j}(t)]^T$。

假定每个单元的长度最初是相等的。将式(2-82)以及 $\boldsymbol{q}_j$ 代入式(2-58)并利用式(2-55)、式(2-56)及式(2-57),得到第 j 个单元中的拉格朗日量表达式同式(2-61),其中 $\boldsymbol{k}_{j1}$,$\boldsymbol{k}_{j2}$,$\boldsymbol{k}_{j3}$,$\boldsymbol{c}_{j1}$,$\boldsymbol{c}_{j2}$ 和 $\boldsymbol{m}_j$ 矩阵和非线性项 $\boldsymbol{S}_j$ 的表达式见式(2-83)~式(2-89)所列。

$$\boldsymbol{k}_{j1} = \frac{\rho \dot{l}(t)^2}{15 l(t) n} \begin{bmatrix} 35j^2 - 55j + 23 & -40j^2 + 60j - 26 & 5j^2 - 5j + 3 \\ -40j^2 + 60j - 26 & 80j^2 - 80j + 32 & -40j^2 + 20j - 6 \\ 5j^2 - 5j + 3 & -40j^2 + 20j - 6 & 35j^2 - 15j + 3 \end{bmatrix}$$

$$\tag{2-83}$$

$$k_{j2} = \frac{\rho \dot{l}(t) \dot{x}(t)}{6l(t)} \begin{bmatrix} -14j+11 & 16j-12 & -2j+1 \\ 16j-12 & -32j+16 & 16j-4 \\ -2j+1 & 16j-4 & -14j+3 \end{bmatrix} \qquad (2-84)$$

$$k_{j3} = \frac{(\rho \dot{x}(t)^2 - P)n}{3l(t)} \begin{bmatrix} 7 & -8 & 1 \\ -8 & 16 & -8 \\ 1 & -8 & 7 \end{bmatrix} \qquad (2-85)$$

$$c_{j1} = \frac{\rho \dot{l}(t)}{30n} \begin{bmatrix} 15j-13 & 20j-14 & -5j+2 \\ -20j+16 & 8 & 20j-4 \\ 5j-3 & -20j+6 & -15j+2 \end{bmatrix} \qquad (2-86)$$

$$c_{j2} = \frac{\rho \dot{x}(t)}{6} \begin{bmatrix} -3 & 4 & -1 \\ -4 & 0 & 4 \\ 1 & -4 & 3 \end{bmatrix} \qquad (2-87)$$

$$m_j = \frac{\rho l(t)}{30n} \begin{bmatrix} 4 & 2 & -1 \\ 2 & 16 & 2 \\ -1 & 2 & 4 \end{bmatrix} \qquad (2-88)$$

$$S_j(q_{3j-2}, q_{3j-1}, q_{3j}) =$$

$$\frac{E \cdot A \cdot n^3}{10l(t)^3} \begin{bmatrix} (61q_{3j-2}^3 - 216q_{3j-2}^2 q_{3j-1} + 33q_{3j-2}^2 q_{3j} + 272q_{3j-2}q_{3j-1}^2 - 112q_{3j-2}q_{3j-1}q_{3j} \\ + 23q_{3j-2}q_{3j}^2 - 128q_{3j-1}^3 + 112q_{3j-1}^2 q_{3j} - 56q_{3j-1}q_{3j}^2 + 11q_{3j}^3) \\ 8(q_{3j-2} - 2q_{3j-1} + q_{3j})(-9q_{3j-2}^3 + 16q_{3j-2}q_{3j-1} + 2q_{3j-2}q_{3j} - 16q_{3j-1}^2 \\ + 16q_{3j-1}q_{3j} - 9q_{3j}^2)(11q_{3j-2}^3 - 56q_{3j-2}^2 q_{3j-1} + 23q_{3j-2}^2 q_{3j} + 112q_{3j-2}q_{3j-1}^2 \\ - 112q_{3j-2}q_{3j-1}q_{3j} + 33q_{3j-2}q_{3j}^2 - 128q_{3j-1}^3 + 272q_{3j-1}^2 q_{3j} - 216q_{3j-1}q_{3j}^2 + 61q_{3j}^3) \end{bmatrix}$$

$$(2-89)$$

　　将二次单元的拉格朗日量代入式（2 - 70）的拉式方程得到每个单元的运动方程：

$$m_j \ddot{q}_j + c_j \dot{q}_j + k_j q_j + S_j(q_{3j-2}, q_{3j-1}, q_{3j}) = 0 \qquad (2-90)$$

其中,$k_j = \dot{c}_{j1}^{\mathrm{T}} + \dot{c}_{j2} - k_{j1} - 2k_{j2} - k_{j3}$,$c_j = c_{j1}^{\mathrm{T}} + c_{j2} + \dot{m}_j - c_{j1} - c_{j2}^{\mathrm{T}}$。

总共有 n 个单元,所以有 $3n$ 个类似于式(2-90)的方程式。将所有的方程写成矩阵的形式,系统的控制方程可表示为

$$M_L(t)\ddot{Q} + C_L(t)\dot{Q} + K_L(t)Q + N_L(q,t) = 0 \qquad (2-91)$$

其中,M_L、C_L 和 K_L 是局部坐标下的关于时间的函数矩阵。$M_L(t)$、$C_L(t)$、$K_L(t)$、$N_L(q,t)$、Q、q 以及 B 的详细表达式见式(2-92)~ 式(2-94)所列。

$$M_L(t) = \begin{bmatrix} m_1 & 0 & 0 \\ 0 & \ddots & 0 \\ 0 & 0 & m_{3n} \end{bmatrix}, C_L(t) = \begin{bmatrix} c_1 & 0 & 0 \\ 0 & \ddots & 0 \\ 0 & 0 & c_{3n} \end{bmatrix}, K_L(t) = \begin{bmatrix} k_1 & 0 & 0 \\ 0 & \ddots & 0 \\ 0 & 0 & k_{3n} \end{bmatrix} \quad (2-92)$$

$$N_L(q,t) = \begin{bmatrix} S_1 \\ S_2 \\ \vdots \\ S_n \end{bmatrix}, Q = \begin{bmatrix} Q_1 & Q_2 & Q_3 & \cdots & Q_{2n+1} \end{bmatrix}^{\mathrm{T}}, q = \begin{bmatrix} q_1 & q_2 & \cdots & q_{3n} \end{bmatrix}^{\mathrm{T}}$$

$$(2-93)$$

$$B = \begin{bmatrix} 1 & 0 & 0 & 0 & 0 & 0 & 0 & \cdots & 0 & 0 & 0 & 0 \\ 0 & 1 & 0 & 0 & 0 & 0 & 0 & \cdots & 0 & 0 & 0 & 0 \\ 0 & 0 & 1 & 1 & 0 & 0 & 0 & \cdots & 0 & 0 & 0 & 0 \\ 0 & 0 & 0 & 0 & 1 & 0 & 0 & \cdots & 0 & 0 & 0 & 0 \\ 0 & 0 & 0 & 0 & 0 & 1 & 1 & \cdots & 0 & 0 & 0 & 0 \\ \vdots & \vdots & \vdots & \vdots & \vdots & \vdots & \vdots & \ddots & \vdots & \vdots & \vdots & \vdots \\ 0 & 0 & 0 & 0 & 0 & 0 & 0 & \cdots & 1 & 1 & 0 & 0 \\ 0 & 0 & 0 & 0 & 0 & 0 & 0 & \cdots & 0 & 0 & 1 & 0 \\ 0 & 0 & 0 & 0 & 0 & 0 & 0 & \cdots & 0 & 0 & 0 & 1 \end{bmatrix}_{3n \times (2n+1)}^{\mathrm{T}}$$

$$(2-94)$$

2.3 固有频率

轴向移动绳系统的固有频率与静止绳不同,由轴向移动速度而发生变化,相关实验见参考文献[87]。当轴向移动速度为零时,轴向移动绳系统固有频率的表达式退化为静止绳的固有频率。同样对于变长度轴向移动绳,其固有频率也有其对应的表达式,在特定条件下也能退化到定长度移动绳及静止绳的固有频率。所以,本小节我们分别研究静止绳、定长度轴向移动绳以及变长度轴向移动绳的固有频率的求取过程以及它们之间的关系。如图 2-16 所示为轴向移动绳系统的简化物理模型,绳移速度为 v_1,左端边界固定,右端边界可以轴向移动,移动速度为 v_2。绳初始长度为 l_0。本节分三种情况来讨论。

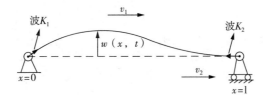

图 2-16 轴向移动绳移系统的简化物理模型

2.3.1 $v_1 = 0, v_2 = 0$

当 $v_1 = 0, v_2 = 0$ 时,相当于定长度静止绳,可利用驻波特性来分析。其自由振动的响应相当于左行波 K_2 和右行波 K_1 的叠加。当绳以某阶固有频率振动时,绳以驻波形式振动,其波长与绳长的关系为

$$\lambda_n = \frac{2l_0}{n} \qquad (2-95)$$

其中,λ_n 为 n 阶固有频率振动时的波长,n 为固有频率阶次。假设右行波从左端点传播到右端的时间是 t_1,从右端返回到左端的时间是 t_2,则

$$t_1 = \frac{l_0}{c}, t_2 = \frac{l_0}{c} \qquad (2-96)$$

其中,c 为波在绳中的传播速度,$c = \sqrt{P/\rho}$,P 为绳的张紧力,ρ 为绳的线密度。将式(2-96)以及 $\lambda_n = cT_n$ 代入式(2-95)得到

$$T_n = \frac{t_1 + t_2}{n} = \frac{2l_0}{nc} \tag{2-97}$$

其中,T_n 为 n 阶振动周期。根据振动周期和固有频率之间的关系可得静止绳系统的 n 阶固有频率为

$$\omega_n = \frac{2\pi}{T_n} = \frac{n\pi}{l_0}\sqrt{P/\rho} \tag{2-98}$$

2.3.2　$v_1 \neq 0, v_2 = 0$

当 $v_1 \neq 0, v_2 = 0$ 时,轴向移动绳为两端固定,轴向绳移系统模型依旧为定长绳模型,但绳系具有轴向移动速度。轴向绳移系统中右行波 K_1 从绳系 $x = 0$ 边界处移动到右端的时间以及返回的时间分别为

$$t_1 = \frac{l_0}{c + v_1}, t_2 = \frac{l_0}{c - v_1} \tag{2-99}$$

将式(2-99)代入式(2-97),得到轴向绳移系统 n 阶振动周期为

$$T_n = \frac{t_1 + t_2}{n} = \frac{2l_0 c}{n(c^2 - v_1^2)} \tag{2-100}$$

根据振动周期和固有频率之间的关系可得定长轴向绳移系统 n 阶固有频率为

$$\omega_n = \frac{2\pi}{T_n} = \frac{n\pi(c^2 - v_1^2)}{l_0 c} = \frac{n\pi\left(\dfrac{P}{\rho} - v_1^2\right)}{l_0\sqrt{P/\rho}} \tag{2-101}$$

通过分析轴向绳移系统定长绳固有频率公式(2-98)和式(2-101),可发现当式(2-101)中的轴向移动速度 $v_1 = 0$ 时,式(2-101)转化为式(2-98),即绳系无轴向移动。定长度绳的固有频率与绳长、密度、张紧力、轴移速度等参数有关,这些参数一般都不会变化,故静止或匀速轴移时,其固有频率是恒定的。

选取轴向绳移系统参数如下:轴向绳移系统绳系长度 $l_0 = 18\text{m}$,绳系线密度 $\rho = 0.01\text{kg/m}$,且有边界处的轴向移动速度 $v_2 = 0$。通过 Matlab 数值仿真发现:① 当轴向绳移系统具有轴向移动速度时,定长绳的固有频率 ω_n 随轴向速度 v_1 的增大而减小;② 轴向绳移系统固有角频率 ω_n 随绳系中张紧力 P 的增大而增大,如图 2-17所示。

研究发现当外界激励频率 $\omega = 7.0\text{rad/s}$ 时,接近轴向绳系统一阶固有频率 $\omega_1 = 7.8\text{rad/s}$,$P = 20\text{N}$,$v_2 = 0$ 时,轴向绳移系统的中点处振幅明显增大,伴随着产生强烈的振动,产生拍的现象,如图 2-18所示。当外界激励频率与轴向绳移系统

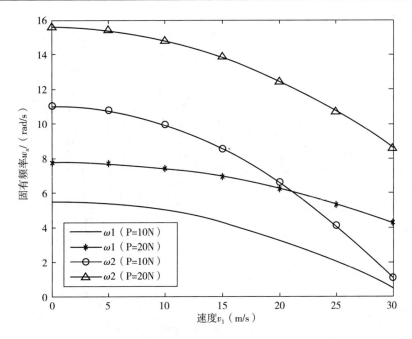

图 2 - 17　轴向绳移系统(定长绳)固有角频率变化

固有频率相等时甚至会引起共振现象,如图 2-19 所示。对于简化的轴向绳移系统模型,由于其是一维连续体,故绳系产生共振时,现象比较简明。

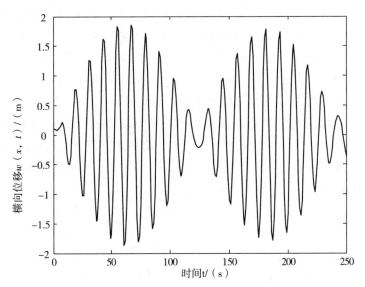

图 2 - 18　外界激励频率 $\omega = 7.0\,\mathrm{rad/s}$(接近固有频率)时,
轴向绳移系统(定长绳)中点处拍现象

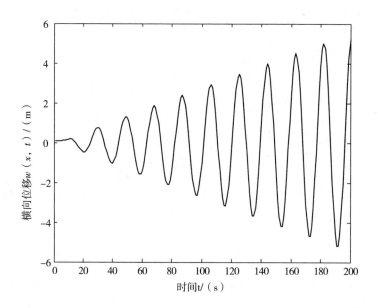

图 2 - 19　外界激励频率 $\omega = 7.8\text{rad/s}$(等于固有频率)，

轴向绳移系统(定长绳) 中点处共振现象

2.3.3　$v_1 \neq 0, v_2 \neq 0$

在 $v_1 \neq 0$ 且 $v_2 \neq 0$ 的工况下，右端点具有移动速度 v_2，且绳也有移动速度 v_1。绳长度 $l(t) = l_0 + v_2 t$ 是变化的，因而其固有频率会随着绳长的变化而变化，不再是恒定不变的，因此我们可以称其为伪固有频率。这里，为了体现其固有特性，在每一个振动周期内，都认为其固有频率不变，计算在该周期内的固有频率。因而，这里的固有频率是随着振动周期数而变化的。

轴向移动绳系左边界处的右行波 K_1 和右边界处的左行波 K_2 相向运动。当移动波 K_1 和 K_2 从初始位置出发，到达绳系末端并返回到原始点时为一个振动周期。假设右行波 K_1 第 1 次到达绳系 $x = l$ 边界处时间为 t_1 且此时波 K_2 位置为 x_1。当 K_1 运动到绳系 $x = l$ 边界处时有

$$(c + v_1)t_1 = l_0 + v_2 t_1 \qquad\qquad (2 - 102)$$

则波 K_1 移动到 $x = l$ 边界处时间为

$$t_1 = \frac{l_0}{c + v_1 - v_2} \qquad\qquad (2 - 103)$$

轴向绳移系统长度为

$$l(t_1) = l_0 + v_2 t_1 = \frac{l_0(c+v_1)}{c+v_1-v_2} \tag{2-104}$$

波 K_1 第 1 次到达绳系 $x=0$ 边界处时间为 t_2（从波 K_1 第 1 次到达绳系 $x=l(t_1)$ 边界处开始计时）

$$t_2 = \frac{l(t_1)}{c-v_1} = \frac{l_0(c+v_1)}{(c-v_1)(c+v_1-v_2)} \tag{2-105}$$

则第 1 个往返运动的时间

$$T'_1 = t_1 + t_2 = \frac{2cl_0}{(c-v_1)(c+v_1-v_2)} \tag{2-106}$$

可以证明，在经过 T'_1 时间后，移动波 K_2 也刚好回到绳的右端点，完成了一个往返的运动。此时轴向绳移系统的绳长为

$$l(T'_1) = l_0 + v_2 T_1 = \frac{l_0(c^2 - v_1^2 + cv_2 + v_1 v_2)}{(c-v_1)(c+v_1-v_2)} \tag{2-107}$$

轴向绳移系统中传播波 K_1 第 2 次从绳系 $x=0$ 边界处到达绳系右边界处再返回，与第 1 次运动过程相同，只不过初始绳长由 l_0 变成 $l(T'_1)$，运动时间 T'_2 由式 (2-106) 将 l_0 用 $l(T'_1)$ 替换得到

$$T'_2 = \frac{2cl(T'_1)}{(c-v_1)(c+v_1-v_2)} = \frac{2cl_0(c^2-v_1^2+cv_2+v_1v_2)}{(c-v_1)^2(c+v_1-v_2)^2} \tag{2-108}$$

此时绳长为

$$l(T'_2) = l(T'_1) + v_2 T'_2 = \frac{l(T'_1)(c^2-v_1^2+cv_2+v_1v_2)}{(c-v_1)(c+v_1-v_2)} \tag{2-109}$$

以此类推第 m 次振动往返时间为

$$T_m' = t_{1m} + t_{2m} = \frac{2cl_0(c^2-v_1^2+cv_2+v_1v_2)^{m-1}}{(c-v_1)^m(c+v_1-v_2)^m} \tag{2-110}$$

其中，t_{1m} 和 t_{2m} 分别为 K_1 波在第 m 次振动内去程和返程所需要的时间。将其代入式 (2-97) 得到第 m 次振动的 n 阶振动周期为

$$T_n(m) = \frac{t_{1m} + t_{2m}}{n} = \frac{2cl_0 \ (c^2 - v_1^2 + cv_2 + v_1 v_2)^{m-1}}{n \ (c - v_1)^m \ (c + v_1 - v_2)^m} \qquad (2-111)$$

所以变长度轴向绳移系统在第 m 次振动的 n 阶固有频率为

$$\omega_n(m) = \frac{2\pi}{T_n(m)} = \frac{n\pi \ (c - v_1)^m \ (c + v_1 - v_2)^m}{cl_0 \ (c^2 - v_1^2 + cv_2 + v_1 v_2)^{m-1}} \qquad (2-112)$$

当 $v_1 = v_2 = 0$ 时,式(2-112)退化为式(2-98);当 $v_1 \neq 0$ 且 $v_2 = 0$ 时,式(2-112)退化为式(2-101);当 $v_1 = v_2 \neq 0$ 或者 $v_1 = 0, v_2 \neq 0$ 时,式(2-112)变为

$$\omega_n(m) = \frac{2\pi}{T_n(m)} = \frac{n\pi \ (c - v_2)^m}{l_0 \ (c + v_2)^{m-1}} = \frac{n\pi \ (\sqrt{P/\rho} - v_2)^m}{l_0 \ (\sqrt{P/\rho} + v_2)^{m-1}} \qquad (2-113)$$

变长度移动绳参数选取如下:$l_0 = 18\text{m}, \rho = 0.01\text{kg/m}, P = 20\text{N}, v_1 = 0$。由式(2-112)通过 Matlab 数值仿真发现:变长绳固有频率随着绳系伸长($v_2 > 0$)而减小,绳系缩短($v_2 < 0$)而增大;且轴向移动速度越大,频率变化越快,仿真结果如图 2-20 和图 2-21 所示。

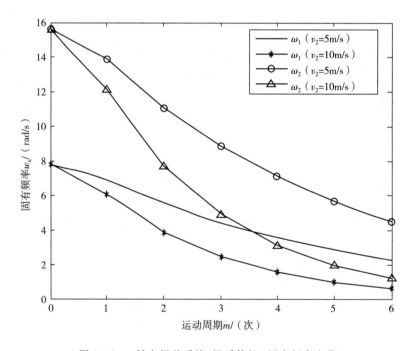

图 2-20　轴向绳移系统(绳系伸长)固有频率变化

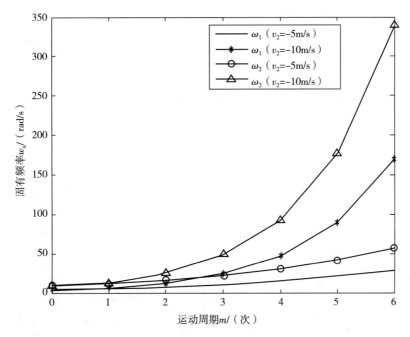

图 2-21　轴向绳移系统(绳系缩短)固有频率变化

　　由以上分析可知,轴向绳移系统的固有频率随着绳长的变化而变化,且当轴向绳移系统中的张紧力、绳系线密度以及轴向移动速度变化时,轴向绳移系统的固有频率也会发生变化。

　　本章主要研究轴向绳移系统的固有频率,通过上述研究发现:绳系的长度发生变化时绳系的固有频率不再是定值,而是关于绳系长度的函数。定长绳和变长绳的固有频率之间既有区别,又相对统一,见表 2-4 所列。

表 2-4　轴向绳移系统固有频率公式

绳类型		固有角频率
定长绳	$v_1 = 0, v_2 = 0$	$\omega_n = \dfrac{n\pi}{l_0}\sqrt{P/\rho}$
	$v_1 \neq 0, v_2 = 0$	$\omega_n = \dfrac{n\pi\left(\dfrac{P}{\rho} - v_1^2\right)}{l_0\sqrt{P/\rho}}$
变长绳	$v_1 \neq 0, v_2 \neq 0$	$\omega_n(m) = \dfrac{n\pi\,(\sqrt{P/\rho} - v_1)^m\,(\sqrt{P/\rho} + v_1 - v_2)^m}{\sqrt{P/\rho}\,l_0\left[(P/\rho) - v_1^2 + v_2\sqrt{P/\rho} + v_1 v_2\right]^{m-1}}$
	$v_1 = 0, v_2 \neq 0$ 或者 $v_1 = v_2 \neq 0$	$\omega_n(m) = \dfrac{n\pi\,(c - v_2)^m}{l_0\,(c + v_2)^{m-1}} = \dfrac{n\pi\,(\sqrt{P/\rho} - v_2)^m}{l_0\,(\sqrt{P/\rho} + v_2)^{m-1}}$

第 3 章　数值计算方法

上一章得到的是轴向移动绳横向振动的解析模型,本章采用有限元方法来建立轴向移动绳的动力学模型,获得微分方程组。然后分别介绍解析模型的偏微分方程的计算方法以及有限元模型的微分方程的计算方法。这些微分方程根据系统的特征分为线性及非线性的、定常及时变的,不同特征的模型有不同的计算方法。

在有限元方法中,采用 Stylianou 和 Tabarrok 提出的可变区域单元法,将移动绳模型离散化,单元数目保持不变。特别地,对于时变移动绳模型,此方法也适用,单元尺寸随时间变化。在使用拉格朗日方程建立移动绳离散单元的横向振动方程后,本章基于 Runge-Kutta 法、Newmark-Beta 法、时变状态方程法等典型数值方法求解轴向移动绳的横向运动方程。对于偏微分方程的解析模型,首先利用伽辽金方法进行离散化,再利用上述数值方法计算振动响应。

3.1　龙格-库塔(Runge-Kutta)法

3.1.1　经典四阶 Runge-Kutta 法

龙格-库塔法(Runge-Kutta Method)是一种用于求解非线性常微分方程隐式或显式的迭代方法,它是一种高精度的单步算法,在工程上得到广泛应用。

令一阶常微分方程及其初值问题数学描述如下:

$$\begin{cases} \dfrac{\mathrm{d}y}{\mathrm{d}t} = f(t, y) \\ y(t_0) = y_0 \end{cases} \quad (3-1)$$

取时间变量 t 的迭代步长为 h,上述方程的数值解在时间步 $t_{n+1} = t_n + h$ 处的系统响应近似值为 y_{n+1},经典的四阶 Runge-Kutta 法的 y_{n+1} 计算公式为

$$
\begin{cases}
y_{n+1} = y_n + \dfrac{h}{6}(K_1 + 2K_2 + 2K_3 + K_4) \\[2mm]
K_1 = f(t_n, y_n) \\[2mm]
K_2 = f\left(t_n + \dfrac{h}{2}, y_n + \dfrac{h}{2}K_1\right) \\[2mm]
K_3 = f\left(t_n + \dfrac{h}{2}, y_n + \dfrac{h}{2}K_2\right) \\[2mm]
K_4 = f(t_n + h, y_n + hK_3)
\end{cases}
\tag{3-2}
$$

y_{n+1} 是由当前值 y_n 和时间步长 h 同估算的斜率值的乘积来决定。该斜率是下述 4 个斜率的加权平均值：K_1 是时间段 t_n 至 t_{n+1} 开始时刻 t_n 的原函数斜率；K_2 是时间段中点的斜率，并通过欧拉法由 t_n 时刻斜率 K_1 决定原函数 y 在 $t_n + h/2$ 的值 $y_n + hK_1/2$；K_3 是时间段中点的斜率，由斜率 K_2 来决定原函数 y 在 $t_n + h/2$ 的值 $y_n + hK_2/2$；K_4 是时间终点的斜率，其值由 K_3 决定。通过上述计算公式的循环迭代，即可求得系统的响应值。

3.1.2　改进四阶 Runge-Kutta 法

基于上述描述的经典 Runge-Kutta 法，结合 2.2.1 节求出的轴向移动绳的非线性振动方程[见式(2-78)]，将式(2-78)进行转化得到式(3-3)，提出改进四阶 Runge-Kutta 法，使其可用于求解形如式(2-78)的带非线性项的二阶常微分方程组。

$$
\begin{bmatrix} \ddot{Q} \\ \dot{Q} \end{bmatrix} =
\begin{bmatrix} -M^{-1}C & -M^{-1}K \\ I & O \end{bmatrix}
\begin{bmatrix} \dot{Q} \\ Q \end{bmatrix} +
\begin{bmatrix} -M^{-1}N \\ O \end{bmatrix}
\tag{3-3}
$$

其中，I 为 $(n+1) \times (n+1)$ 阶单位矩阵，O 是 $(n+1) \times (n+1)$ 阶零矩阵。设 $y = [\dot{Q}; Q]$，则上述方程可表示为

$$
\dot{y} = f(y, t, \varphi)
\tag{3-4}
$$

上式 $y = [y_1(t), y_2(t), \cdots, y_{2n+2}(t)]^{\mathrm{T}}$ 是一个 $(2n+2)$ 维向量，$\varphi = [-M^{-1}N; O]$ 是原方程式(2-78)对应的非线性项，可以理解为是式中 y 的零次项，它是一个 $(2n+2)$ 维的列向量。设时间步长为 h，令 $t_i = t_0 + i \cdot h$，则对于第 i 个时间段 $[t_i, t_{i+1}]$，迭代的具体计算公式如下：

$$\begin{cases} \boldsymbol{K}_1 = f(t_i, \boldsymbol{y}(t_i), \boldsymbol{\varphi}) \\[2mm] \boldsymbol{K}_2 = f\left(t_i + \dfrac{h}{2}, y(t_i) + \dfrac{h}{2}\boldsymbol{K}_1, \boldsymbol{\varphi}_1\right) \\[2mm] \boldsymbol{K}_3 = f\left(t_i + \dfrac{h}{2}, y(t_i) + \dfrac{h}{2}\boldsymbol{K}_2, \boldsymbol{\varphi}_2\right) \\[2mm] \boldsymbol{K}_4 = f(t_i + h, y(t_i) + h\boldsymbol{K}_3, \boldsymbol{\varphi}_3) \end{cases} \tag{3-5}$$

由于矩阵 $\boldsymbol{M}$ 和 $\boldsymbol{N}$ 均为时变变量,且 $\boldsymbol{N}$ 是 $\boldsymbol{Q}$ 的函数,则 $\boldsymbol{\varphi}$ 可记作: $\boldsymbol{\varphi} = \boldsymbol{\varphi}(y_1(t),$ $y_2(t), \cdots, y_{2n+2}(t))$,在迭代的过程中也需要对 $\boldsymbol{\varphi}$ 向量进行更新。若记 $\boldsymbol{K}_1 = [k_1^1,$ $k_2^1, \cdots, k_{2n+2}^1]$, $\boldsymbol{K}_2 = [k_1^2, k_2^2, \cdots, k_{2n+2}^2]$, $\boldsymbol{K}_3 = [k_1^3, k_2^3, \cdots, k_{2n+2}^3]$,则 $\boldsymbol{\varphi}$ 的迭代表达式(3-6)如下式所示:

$$\begin{cases} \boldsymbol{\varphi}_1 = \boldsymbol{\varphi}\left(y_1(t_i) + \dfrac{h}{2}k_1^1, y_2(t_i) + \dfrac{h}{2}k_2^1, \cdots, y_{2n+2}(t_i) + \dfrac{h}{2}k_{2n+2}^1\right) \\[3mm] \boldsymbol{\varphi}_2 = \boldsymbol{\varphi}\left(y_1(t_i) + \dfrac{h}{2}k_1^2, y_2(t_i) + \dfrac{h}{2}k_2^2, \cdots, y_{2n+2}(t_i) + \dfrac{h}{2}k_{2n+2}^2\right) \\[3mm] \boldsymbol{\varphi}_3 = \boldsymbol{\varphi}(y_1(t_i) + hk_1^3, y_2(t_i) + hk_2^3, \cdots, y_{2n+2}(t_i) + hk_{2n+2}^3) \end{cases} \tag{3-6}$$

由 Runge-Kutta 方法的定义式,将式(3-5)、式(3-6)代入可得在 t_{i+1} 时刻的函数值 $\boldsymbol{y}(t_{i+1})$:

$$\boldsymbol{y}(t_{i+1}) = \boldsymbol{y}(t_i) + \frac{h}{6}(\boldsymbol{K}_1 + 2\boldsymbol{K}_2 + 2\boldsymbol{K}_3 + \boldsymbol{K}_4) \tag{3-7}$$

轴向绳移系统的简化力学模型按绳长变化规律大致分为两类:移动绳长度不变和时变两种情况,其数学表达式分别如式(3-8)、式(3-9)所示。

$$\dot{l}(t) = 0, \dot{x}(t) = v(t) \tag{3-8}$$

$$\dot{l}(t) = \dot{x}(t) = v(t) \tag{3-9}$$

针对绳长不变情况,每个单元的长度以及单元数均是不变的,经有限元法离散后,各节点均以速度 $v(t)$ 移动。对于绳长时变情形,由于离散单元数固定,故各单元的长度是时变的。以下将提供一个算例针对定长和时变两种移动绳模型进行求解。设定初始条件[式(3-10)]及边界条件[式(3-11)],设定轴向移动绳系统模型的参数(表3-1),将振幅归一化处理后,由改进的四阶 Runge-Kutta 法求得在不同时刻的振动响应如图3-1所示:

$$\begin{cases} u(x,0) = A_0 \sin(\pi x/l) \\[2mm] u_t(x,0) = 0 \end{cases} \tag{3-10}$$

$$u(0,t) = u(l,t) = 0 \qquad\qquad (3-11)$$

表 3-1　轴向绳移系统模型的参数

编号	n （单元数）	$l/$ m	$v/$ $(m \cdot s^{-1})$	$A_0/$ m^2（截面积）	$\Delta t/$ s	$P/$ N	$\rho/$ (kg/m)	$EA_0/$ N	N （时间步数）
a	10	3	0.5	10^{-4}	0.02	10	0.1	1000	200
b	10	3	-0.5	10^{-4}	0.02	10	0.1	1000	200
c	10	3	1	10^{-4}	0.02	10	0.1	1000	200

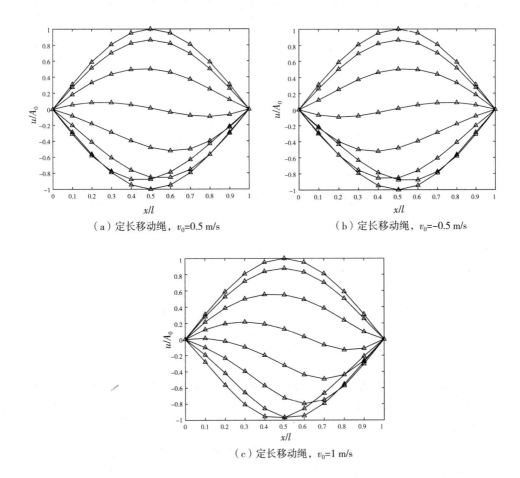

（a）定长移动绳，$v_0=0.5$ m/s　　　　　　（b）定长移动绳，$v_0=-0.5$ m/s

（c）定长移动绳，$v_0=1$ m/s

图 3-1　不同参数下由改进的 4 阶 Runge-Kutta 法求得的振动响应

3.2　时变状态方程法

介绍时变状态方程法首先需要介绍状态空间表达式。针对线性系统,状态空间表达式是一种描述其内部特性的重要数学模型。系统的状态变量就是确定系统状态的最小一组变量。若已知这些变量在任意初始时刻的值和之后的系统输入,即可完整地确定系统在任意时刻的状态。这样一组最小的变量称为系统的状态变量。选择一组状态变量为坐标轴组成的正交空间,称为状态空间。用来描述系统输入、输出和状态变量之间关系的方程组称为系统的状态空间表达式。通常的系统所得到的常微分方程组都可以化为状态空间表达式来求解。对于线性定常系统的微分方程组可以转换为如下形式:

$$\dot{x} = Ax \qquad (3-12)$$

设系统在初始时刻 t_0 的状态为 $x(t_0)$,则齐次状态方程的解为:

$$x(t) = e^{A(t-t_0)}x(t_0) \qquad (3-13)$$

对于线性时变系统的微分方程组可以转换为如下形式:

$$\dot{x}(t) = A(t)x(t) \qquad (3-14)$$

设系统在初始时刻 t_0 的状态为 $x(t_0)$,则齐次状态方程的解为:

$$x(t) = \psi(t,t_0)x(t_0) \qquad (3-15)$$

其中, $\psi(t,t_0)$ 是 $x(t_0)$ 和 $t \geqslant t_0$ 时状态 $x(t)$ 之间的变换矩阵,称为状态转移矩阵。它的级数近似解法表达式如式(3-16)所示。

$$\psi(t,t_0) = I + \int_{t_0}^{t} A(\tau_0)\mathrm{d}\tau_0 + \int_{t_0}^{t} A(\tau_0)\int_{t_0}^{\tau_0} A(\tau_1)\mathrm{d}\tau_1\mathrm{d}\tau_0$$

$$+ \int_{t_0}^{t} A(\tau_0)\int_{t_0}^{\tau_0} A(\tau_1)\int_{t_0}^{\tau_1} A(\tau_2)\mathrm{d}\tau_2\mathrm{d}\tau_1\mathrm{d}\tau_0 + \cdots \qquad (3-16)$$

针对时变线性模型动力学方程式(2-80),当绳长随时间变化时,质量矩阵 M,刚度矩阵 K 以及陀螺矩阵 C 都是时变矩阵。应用时变状态方程法求解此方程的基本步骤如下:

将总时间长度划分为 N 步,假设矩阵 M_i,K_i,C_i 在时间步区间 $[i-1,i]$ $(i=1,2,\cdots,N)$ 上是不变的,所以对方程(2-80)应用状态方程公式可以求得系统在时间步 i 的响应。然后用第 i 步的响应值作为初始状态值,更新系统矩阵 M_{i+1},K_{i+1},C_{i+1},并且再次应用状态方程公式在时间步区间 $[i,i+1]$ 上来求解方程。通过这个方法线性时变系统在所有时间步的响应值都可以求得。

　　需要说明的是，M_i 是正定矩阵并非单位矩阵，此处用模态矩阵 R_i 将其转换为单位矩阵，R_i 的基本形式如下：

$$R_i = \left[e_1 / \sqrt{u_1}, e_2 / \sqrt{u_2}, \cdots, e_n / \sqrt{u_n} \right]^{\mathrm{T}} \qquad (3-17)$$

其中，e_j 是矩阵 M_i 的第 j 个特征向量，对应的第 j 个特征值为 $u_j(j=1,2,\cdots,n)$。由此得矩阵 M_{iM}、C_{iM}、K_{iM}，如式（3-18）至式（3-20）所示：

$$M_{iM} = R_i M_i R_i^{\mathrm{T}} = \begin{bmatrix} 1 & 0 & 0 & 0 \\ 0 & \bullet & 0 & 0 \\ 0 & 0 & \bullet & 0 \\ 0 & 0 & 0 & 1 \end{bmatrix} \qquad (3-18)$$

$$C_{iM} = R_i C_i R_i^{\mathrm{T}} \qquad (3-19)$$

$$K_{iM} = R_i K_i R_i^{\mathrm{T}} \qquad (3-20)$$

空间状态方程为

$$\left[\ddot{Q}_i^{\mathrm{T}} \quad \dot{Q}_i^{\mathrm{T}} \right] = a_i \left[\dot{Q}_i^{\mathrm{T}} \quad Q_i^{\mathrm{T}} \right] + b_i u_i \qquad (3-21)$$

其中，$a_i = [-C_{iM}, -K_{iM}; I, O]$，$I$ 是 $n \times n$ 阶的单位矩阵，O 是 $n \times n$ 阶的零矩阵，u_i 是第 i 步的激励向量，b_i 由激励所在的位置决定，这里的激励为 0。这样 $\dot{Q}_i$ 和 Q_i 在第 i 步可以由 MATLAB 里的常微分方程求解器求解出来。

　　以上一节的实例为例，将振幅归一化处理后，由状态方程法求得在不同时刻的振动响应如图 3-2 所示。

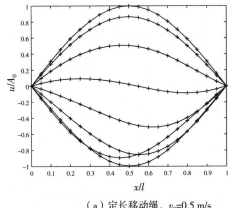
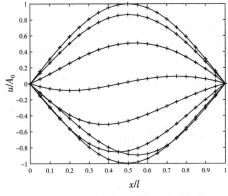

（a）定长移动绳，$v_0=0.5$ m/s　　　　　（b）定长移动绳，$v_0=-0.5$ m/s

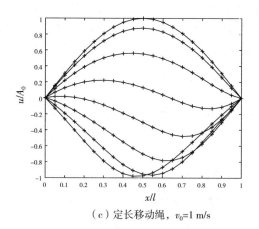

（c）定长移动绳，$v_0=1$ m/s

图 3-2   不同参数下由状态方程法求得的振动响应

3.3   Newmark-Beta 法

Newmark-Beta方法是用于求解微分方程的数值积分方法，它经常被用于动力学系统的有限元分析中。设一个多自由度系统的动力学平衡方程满足下述形式：

$$\boldsymbol{M\ddot{X}} + \boldsymbol{C\dot{X}} + \boldsymbol{KX} = \boldsymbol{P} \tag{3-22}$$

其中，$\boldsymbol{M}$、$\boldsymbol{C}$、$\boldsymbol{K}$ 分别为系统的质量矩阵、阻尼矩阵（或陀螺矩阵）和刚度矩阵，$\boldsymbol{P}$ 为系统所受载荷，$\boldsymbol{X}$ 为系统的位移，设 $\boldsymbol{X}$ 为时间的连续函数，令 $\boldsymbol{X}$ 满足：

$$\boldsymbol{X} = \boldsymbol{\dot{X}} \cdot t + \frac{1}{2}\boldsymbol{\ddot{X}} \cdot t^2 \tag{3-23}$$

利用拓展的中值定理，在时间增量 Δt 里，运动方程中的速度可以用如下表达式来近似表示：

$$\begin{cases} \boldsymbol{\dot{X}}_{n+1} = \boldsymbol{\dot{X}}_n + \Delta t \cdot \boldsymbol{\ddot{X}}_\gamma \\ \boldsymbol{\ddot{X}}_\gamma = (1-\gamma) \cdot \boldsymbol{\ddot{X}}_n + \gamma \cdot \boldsymbol{\ddot{X}}_{n+1} \end{cases}, 0 \leqslant \gamma \leqslant 1 \tag{3-24}$$

由此，$\boldsymbol{\dot{X}}_{n+1}$ 可改写为

$$\boldsymbol{\dot{X}}_{n+1} = \boldsymbol{\dot{X}}_n + (1-\gamma) \cdot \Delta t \cdot \boldsymbol{\ddot{X}}_n + \gamma \cdot \Delta t \cdot \boldsymbol{\ddot{X}}_{n+1} \tag{3-25}$$

由于加速度也随时间变化，故扩展的中值定理必须被应用到二阶求导来获得正确的位移，因此可得：

$$
\begin{cases}
\boldsymbol{X}_{n+1} = \boldsymbol{X}_n + \Delta t \cdot \dot{\boldsymbol{X}}_n + \dfrac{1}{2} \cdot (\Delta t)^2 \cdot \ddot{\boldsymbol{X}}_\beta \\[2mm]
\ddot{\boldsymbol{X}}_\beta = (1 - 2\beta) \cdot \ddot{\boldsymbol{X}}_n + 2\beta \cdot \ddot{\boldsymbol{X}}_{n+1}
\end{cases}, \quad 0 \leqslant \beta \leqslant 1 \qquad (3-26)
$$

则 $\boldsymbol{X}_{n+1}$ 的表达式可转化为式（3-27）：

$$
\boldsymbol{X}_{n+1} = \boldsymbol{X}_n + \Delta t \cdot \dot{\boldsymbol{X}}_n + \frac{1-2\beta}{2} \cdot (\Delta t)^2 \cdot \ddot{\boldsymbol{X}}_n + \beta \cdot (\Delta t)^2 \cdot \ddot{\boldsymbol{X}}_{n+1} \qquad (3-27)
$$

根据经验值，因 γ 取其他值时会产生数值阻尼，故取 0.5，而 β 取 0.25 时才会产生恒定的平均加速度，方程式（3-25）和式（3-27）所描述的 $n+1$ 时刻的速度、位移以及由此得到的 $n+1$ 时刻的加速度值为：

$$
\begin{cases}
\dot{\boldsymbol{X}}_{n+1} = \dot{\boldsymbol{X}}_n + \dfrac{1}{2} \cdot \Delta t \cdot \ddot{\boldsymbol{X}}_{n+1} + \dfrac{1}{2} \Delta t \cdot \ddot{\boldsymbol{X}}_n \\[3mm]
\boldsymbol{X}_{n+1} = \boldsymbol{X}_n + \Delta t \cdot \dot{\boldsymbol{X}}_n + \dfrac{1}{4} \cdot (\Delta t)^2 \cdot \ddot{\boldsymbol{X}}_n + \dfrac{1}{4} \cdot (\Delta t)^2 \cdot \ddot{\boldsymbol{X}}_{n+1} \\[3mm]
\ddot{\boldsymbol{X}}_{n+1} = \boldsymbol{M}_{n+1}^{-1} \left[\boldsymbol{P}_{n+1} - \boldsymbol{C}_{n+1} \cdot \dot{\boldsymbol{X}}_{n+1} - \boldsymbol{K}_{n+1} \cdot \boldsymbol{X}_{n+1} \right]
\end{cases} \qquad (3-28)
$$

综上，Newmark-Beta 法表述了在已知初始参数值和时间增量末的未知加速度值求解时间增量末的速度和位移值的原理，其计算流程如下。

第 1 步：预估某一时间步长末的加速度值 $\ddot{\boldsymbol{X}}_{n+1}^*$；

第 2 步：用式（3-28）的前两式计算时间步长末的速度 $\dot{\boldsymbol{X}}_{n+1}$ 和位移 $\boldsymbol{X}_{n+1}$；

第 3 步：计算、更新质量矩阵 $\boldsymbol{M}$，阻尼矩阵 $\boldsymbol{C}$，刚度矩阵 $\boldsymbol{K}$；

第 4 步：由式（3-28）的第三式计算时间步长末的加速度 $\ddot{\boldsymbol{X}}_{n+1}$；

第 5 步：比较计算得到的加速度 $\ddot{\boldsymbol{X}}_{n+1}$ 与预估的加速度 $\ddot{\boldsymbol{X}}_{n+1}^*$，若满足 $|\ddot{\boldsymbol{X}}_{n+1} - \ddot{\boldsymbol{X}}_{n+1}^*| < \varepsilon$（$\varepsilon$ 是人为设定允许误差），输出结果，否则继续下一步；

第 6 步：将最后一次计算得到的加速度 $\ddot{\boldsymbol{X}}_{n+1}$ 作为下一次迭代中第一步中的预估值。

类似地，针对时变非线性模型的动力学方程式（2-78），也可以应用 Newmark-Beta 方法，其计算方法如下：

在第 i 步给出全局自由度坐标下的响应值 $\boldsymbol{Q}_i$、$\dot{\boldsymbol{Q}}_i$ 和 $\ddot{\boldsymbol{Q}}_i$，然后给出第 $i+1$ 步加速度的预估值 $\ddot{\boldsymbol{Q}}_{i+1}^*$，根据前面介绍的 Newmark-Beta 方法，在第 $i+1$ 步，全局自由度坐标下的响应值为

$$
\begin{cases}
\boldsymbol{Q}_{i+1} = \boldsymbol{Q}_i + \Delta t \cdot \dot{\boldsymbol{Q}}_i + \dfrac{1}{2} \cdot (\Delta t)^2 \cdot \ddot{\boldsymbol{Q}}_\beta \\[3mm]
\ddot{\boldsymbol{Q}}_\beta = (1 - 2\beta) \cdot \ddot{\boldsymbol{Q}}_i + 2\beta \cdot \ddot{\boldsymbol{Q}}_{i+1}^*, \ 0 \leqslant \beta \leqslant 1
\end{cases} \qquad (3-29)
$$

其中,Δt 为时间步长,β 含义同前面,为数值算法近似计算精度控制参数。由此可得 $\dot{Q}_{i+1}$ 如下式(3-30)所示。其中,γ 为数值计算稳定性控制参数。

$$\dot{Q}_{i+1} = \dot{Q}_i + (1-\gamma) \cdot \Delta t \cdot \ddot{Q}_i + \gamma \cdot \Delta t \cdot \ddot{Q}_{i+1}^* , 0 \leqslant \gamma \leqslant 1 \qquad (3-30)$$

在此处,令 $\beta=0.25$、$\gamma=0.5$,在时间间隔 Δt 内,位移 Q_{i+1} 和速度 $\dot{Q}_{i+1}$ 的表达式可写作:

$$\begin{cases} Q_{i+1} = Q_i + \dot{Q}_i \cdot \Delta t + \dfrac{1}{4} \cdot (\Delta t)^2 \cdot (\ddot{Q}_i + \ddot{Q}_{i+1}^*) \\[2mm] \dot{Q}_{i+1} = \dot{Q}_i + \dfrac{1}{2} \cdot \Delta t \cdot (\ddot{Q}_i + \ddot{Q}_{i+1}^*) \end{cases} \qquad (3-31)$$

由式(2-78),可求得移动绳系加速度表达式为

$$\ddot{Q}_{i+1} = -M_{i+1}^{-1} \left[C_{i+1} \dot{Q}_{i+1} + K_{i+1} Q_{i+1} + N_{i+1} \right] \qquad (3-32)$$

其中,M_{i+1},C_{i+1},K_{i+1} 和 N_{i+1} 是分别为 $M(t)$、$C(t)$、$K(t)$、$N(t)$ 在第 $i+1$ 步的值。然后通过比较计算得到的加速度值 $\ddot{Q}_{i+1}$ 和提前预估的加速度的值 $\ddot{Q}_{i+1}^*$,如果两者的误差 ε 大于一个允许值,则用方程式(3-32)计算得到的加速度值 $\ddot{Q}_{i+1}$ 去替代方程式(3-31)中的加速度估计值 $\ddot{Q}_{i+1}^*$,重新计算,直到符合条件。如果两者的误差 ε 小于允许值,则计算结果能被接受,继续利用方程式(3-31)、方程式(3-32)求解下一时间步长的响应。

以上一节的实例为例,将振幅归一化处理后,由 Newmark-Beta 法求得在不同时刻的振动响应如图 3-3 所示。

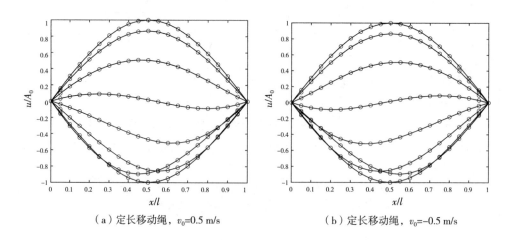

（a）定长移动绳,v_0=0.5 m/s　　　　　　（b）定长移动绳,v_0=-0.5 m/s

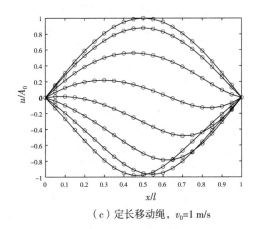

（c）定长移动绳，$v_0=1$ m/s

图 3-3 不同参数条件下由 Newmark-Beta 法求得的振动响应

比较图 3-1、图 3-2 和图 3-3 可见，三种数值计算方法求解定长度轴向移动绳系统横向振动的结果几乎一致，相互验证了这几种方法的有效性。其中时变状态方程适用于时变的线性系统，而 Newmark-Beta 方法对于含有非线性项的系统模型同样适用。三种方法对于绳移速度接近临界速度（波在绳中的速度）时，计算稳定性都会变差。

3.4 伽辽金离散方法

轴向移动绳系统本质上属于材料连续系统，由于其具有无穷多自由度，其动力学方程可以采用一组偏微分方程表示。伽辽金方法（Galerkin Method）是一种解偏微分方程的近似方法，将方程中的未知函数在特定的正交函数基上展开并略去高阶项，将复杂的偏微分方程组转化为线性常微分方程组。它的基本步骤是先假设一组含有待定系数的有限多项试函数（又称基函数或形函数）近似解，代入控制方程后产生偏差残值，为了使偏差值最小，用一个权函数乘以该偏差，使得在一个周期内的积分为零，通过方程组求出待定系数就可求得近似解。

由于轴向移动绳系统自由振动及受迫振动方程均是具有无穷多个自由度的复杂的非线性偏微分方程，并且其中的很多参数还都是时变的，直接求解理论解较为困难。对于该类偏微分方程，工程上最常用的方法为加权余量法，将偏微分方程转化为相应的等效积分形式进行求解。加权余量法主要对余量求加权积分，并使之等于零，从而求得系统微分方程的近似解。相比于其他数学方法，伽辽金离散法得到的常微分方程的系数矩阵是对称矩阵,故其结果具有更高的数值精度,因此,本节采用伽辽金离散法处理不同载荷下轴向移动绳系统非线性偏微分方程。

假设系统运动控制方程可以用一组偏微分方程组表示,则可以写成:

$$L[x,t]=F(t,x,U_t(x,t),U_x(x,t)),U \in H,x \in \Omega \qquad (3-33)$$

上式中 U_t 表示 U 对 t 的偏导,U_x 表示 U 对 x 的偏导,H 为 Hilbert 空间,$\Omega = [y_1,y_2]$ 为系统的域,系统的初始条件及边界条件可以写成:

$$U(x,t)=V_0(x),t=t_0,x \in \Omega;$$
$$U(x,t)=V(t),x=y_1,x=y_2 \qquad (3-34)$$

由于式(3-33)和式(3-34)的解空间是无穷维数的,因此需要构造解空间的 n 维子空间 $S_n \in H$ 从而得到 $U(x,t)$ 的近似解,定义内积为

$$\langle u(x),v(x)\rangle=\int_a^b u(x)v(x)\mathrm{d}x,u(x) \in S_n,v(x) \in S_n \qquad (3-35)$$

其中可以用一组线性无关的函数 $\varphi_1,\varphi_2,\cdots\cdots,\varphi_n$ 来表示 n 维子空间 S_n:

$$S_n=\left\{S_n \mid S_n=\sum_{i=1}^n \alpha_i\varphi_i,(\alpha_1,\alpha_2,\cdots,\alpha_n) \in \mathbb{R}^n\right\} \qquad (3-36)$$

上式中 φ_i 为基函数,式(3-34)的近似数值可以通过有限维空间 S_n 上的基函数来表示,具体为

$$U(x,t)=\sum_{i=1}^n \alpha_i\varphi_i \qquad (3-37)$$

其中,$\alpha_i(t)$ 为关于时间 t 的主函数,S_n 为试函数空间。

采用伽辽金离散法求解时,选取试函数为权函数并对函数做加权积分处理,将式(3-37)代入式(3-33)并在域上求加权积分可得:

$$\Pi=\langle \varphi_i(x),L(x,t)\rangle=\langle \varphi_i(x),F(t,x,U_t(x,t),U_x(x,t))\rangle$$

$$=\int_a^b \varphi_i(x)F\left(t,x,\sum_{i=1}^n \dot{\alpha}_i(t)\varphi_i(x),\sum_{i=1}^n \alpha_i(t)\dot{\varphi}_i(x)\right)\mathrm{d}x \qquad (3-38)$$

记 $\prod$ 为上述基函数 φ_i 加权计算下的余量,得到式(3-33)的加权余量为0,根据基函数任意两组之间正交的特征可知:

$$\langle u_i(x),v_j(x)\rangle=0,i,j=1,2,\cdots,n,i \neq j;$$
$$\langle u_i(x),v_j(x)\rangle=\beta_i \neq 0,i=j=1,2,\cdots,n. \qquad (3-39)$$

根据上述基函数的正交性,可以将式(3-38)化简为一组线性的常微分方程组:

$$f_k(t,\varphi_1(x),\varphi_2(x),\cdots,\varphi_n(x),\dot{\varphi}_1(x),\dot{\varphi}_2(x),\cdots,\dot{\varphi}_n(x))=0,k=1,2,\cdots,n.$$

$$(3-40)$$

综上所述,通过上述运算就可以将原始复杂的偏微分方程组的求解转化为常微分方程组(3-40)求解,通过将式(3-40)的解代入式(3-37)就可以求得系统运动方程(3-33)近似数值解,其具体应用实例见下一节内容。

3.5　基于伽辽金离散的非线性黏弹性绳数值计算实例

3.5.1　非线性黏弹性移动绳数学模型构建

对于工程中应用的传动带和纱线来说,其制成的材料有明显的黏弹性特征,具体表现在应力松弛、蠕变以及在交变载荷作用下应变落后应力的滞后性,具有固体弹性和流体的黏性。因此,黏弹性力学能更形象、准确的描述高聚物的黏弹性现象。常见的黏弹性力学模型有:Maxwell 模型、Kelvin 模型、标准线性固体模型等。如图 3-4 所示,在卸载应力后,Kelvin 模型的应变在一段时间内逐渐减弱,能较好地表示高分子聚合物的蠕变现象和应力松弛现象,是黏弹性理论中应用最广泛的一个模型。本节也采用此模型描述黏弹性移动绳受力特性。

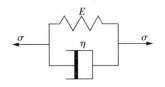

图 3-4　Kelvin 模型

Kelvin 模型的微分本构方程为

$$\sigma = E\varepsilon + \eta\frac{\mathrm{d}\varepsilon}{\mathrm{d}t} \qquad (3-41)$$

其中,σ 为应力,ε 为应变,E 为杨氏模量,η 为黏弹性系数。上式中,当 $\sigma = \sigma_0$ 为恒力时,上述偏微分方程的解为

$$\varepsilon = \frac{\sigma_0}{E}\left(1 - \exp\left\{-\frac{E}{\eta}t\right\}\right) \qquad (3-42)$$

可以看出,Kelvin 黏弹性模型在施加一个恒力后,需要一段时间后应变才能达到一个确定值,该模型能较好地描述运动带、纺织纱线的应力 σ-应变 ε 特征。考虑

了非线性几何变形和材料的非线性特性,由此建立了轴向移动弦线的非线性方程,其基本模型及受力分析如图 3 - 5 所示。

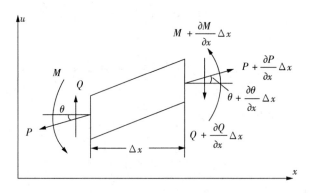

图 3 - 5 非线性移动绳微段单元分析示意图

取距离原点 x 处长度为 Δx 移动绳微段,设轴向移动速度为 v,假设该处的横向振动位移为 $u = u(x,t)$,所取的微段移动绳左右两个面上分别作用有张紧力 P 和 $(P + \partial P/\partial x) \cdot \Delta x$,剪力 Q 和 $(Q + \partial Q/\partial x) \cdot \Delta x$ 以及弯矩 M 和 $(M + \partial M/\partial x) \cdot \Delta x$,由牛顿第二定律,可得下式任意时刻系统平衡方程:

$$\rho \Delta x \frac{\mathrm{d}^2 u}{\mathrm{d}x^2} = (P + \frac{\partial P}{\partial x}\Delta x)\sin(\theta + \frac{\partial \theta}{\partial x}\Delta x) + Q - P\sin\theta - (Q + \frac{\partial Q}{\partial x}\Delta x)$$

$$(3 - 43)$$

其中,ρ 为移动绳的线密度,黏弹性移动绳在轴向运动过程中也会产生几何变形 ε,此处 ε 可以写成:

$$\varepsilon = \frac{1}{2}\left(\frac{\partial u}{\partial x}\right)^2 \qquad (3 - 44)$$

假定移动绳的微分本构方程为 Kelvin 模型,由几何关系,则:

$$E^* = E_0 + \eta\frac{\partial}{\partial t} \qquad (3 - 45)$$

上式 E_0 为移动绳的弹性模量,η 为黏弹性系数,E^* 是等效弹性模量。

移动过程中的绳子张紧力也存在变动,相应的张紧力 P 可以表示为

$$P = P_0 + E^* \cdot \varepsilon \cdot A \qquad (3 - 46)$$

其中,P_0 表示初始移动绳张紧力,A 为移动绳的横截面积。将式(3 - 44)和式(3 - 45)代入式(3 - 46)可得:

$$P = P_0 + \left(E_0 + \eta \frac{\partial}{\partial t} \right) \frac{1}{2} \left(\frac{\partial u}{\partial x} \right)^2 A = P_0 + \frac{E_0 A}{2} \left(\frac{\partial u}{\partial x} \right)^2 + \eta A \left(\frac{\partial u}{\partial x} \right) \left(\frac{\partial^2 u}{\partial x \partial t} \right)$$

$$(3-47)$$

考虑到移动绳横向移动速度的影响,所取微段点横向的绝对速度和加速度可以写成:

$$\frac{\mathrm{d}u}{\mathrm{d}t} = \frac{\partial u}{\partial x} \Delta v + \frac{\partial u}{\partial t} \tag{3-48}$$

$$\frac{\mathrm{d}^2 u}{\mathrm{d}t^2} = \frac{\partial^2 u}{\partial x^2} v^2 + \frac{\partial^2 u}{\partial x \partial t} v + \frac{\partial v}{\partial t} \frac{\partial u}{\partial x} + \frac{\partial^2 u}{\partial x \partial t} v + \frac{\partial^2 u}{\partial t^2}$$

$$= \left(v^2 \frac{\partial^2 u}{\partial x^2} + 2v \frac{\partial^2 u}{\partial x \partial t} + \frac{\partial^2 u}{\partial t^2} + \frac{\partial v}{\partial t} \frac{\partial u}{\partial x} \right) \tag{3-49}$$

根据材料力学中剪力 Q 与弯矩 M 的关系为

$$Q = \frac{\partial M}{\partial x} = E^* I \frac{\partial^3 u}{\partial x^3} \tag{3-50}$$

上式 I 为移动绳惯性矩,对于移动绳来说 I 基本为 0,因此可以将上式(3 - 43)简化为:

$$\rho \Delta x \frac{\mathrm{d}^2 u}{\mathrm{d}x^2} = \left(P + \frac{\partial P}{\partial x} \Delta x \right) \sin\left(\theta + \frac{\partial \theta}{\partial x} \Delta x \right) - P \sin\theta \tag{3-51}$$

由小变形假设,θ 可近似表达为

$$\sin\theta \approx \theta \approx \frac{\partial u}{\partial x} \tag{3-52}$$

由此,式(3 - 51)左边可改写为

$$\rho \Delta x \frac{\mathrm{d}^2 u}{\mathrm{d}t^2} = \rho \Delta x \left(v^2 \frac{\partial^2 u}{\partial x^2} + 2v \frac{\partial^2 u}{\partial x \partial t} + \frac{\partial^2 u}{\partial t^2} + \frac{\partial v}{\partial t} \frac{\partial u}{\partial x} \right) \tag{3-53}$$

将式(3 - 51)右边展开,略去高阶无穷小,并利用式(3 - 52)可得:

$$右边 = P \sin\left(\theta + \frac{\partial \theta}{\partial x} \Delta x \right) + \frac{\partial P}{\partial x} \Delta x \sin\left(\theta + \frac{\partial \theta}{\partial x} \Delta x \right) - P \sin\theta$$

$$= P \sin\theta + P \frac{\partial \theta}{\partial x} \Delta x + \frac{\partial P}{\partial x} \theta \Delta x + \frac{\partial P}{\partial x} \frac{\partial \theta}{\partial x} \Delta x^2 - P \sin\theta$$

$$= \Delta x \left(P \frac{\partial \theta}{\partial x} + \frac{\partial P}{\partial x} \frac{\partial u}{\partial x} \right) \tag{3-54}$$

综合式(3-47)、式(3-53)和式(3-54)，可以得到轴向移动绳横向非线性振动方程为：

$$\rho A \left(\frac{\partial^2 u}{\partial t^2} + 2v \frac{\partial^2 u}{\partial x \partial t} + \frac{\partial v}{\partial t} \frac{\partial u}{\partial x} + v^2 \frac{\partial^2 u}{\partial x^2} \right) - P_0 \left(\frac{\partial^2 u}{\partial x^2} \right)$$

$$= \frac{3}{2} E_0 A \left(\frac{\partial^2 u}{\partial x^2} \right) \left(\frac{\partial u}{\partial x} \right)^2 + 2\eta A \left(\frac{\partial u}{\partial x} \right) \left(\frac{\partial^2 u}{\partial x^2} \right) \left(\frac{\partial^2 u}{\partial x \partial t} \right) + \eta A \left(\frac{\partial u}{\partial x} \right)^2 \left(\frac{\partial^3 u}{\partial x^2 \partial t} \right)$$

$$(3-55)$$

其边界条件可写作：

$$u(0,t) = u(l,t) = 0 \qquad (3-56)$$

可以看出具有 Kelvin 模型的轴向移动绳横向振动方程比前文所求运动方程要复杂，且右边的非线性项不仅包含材料几何变形的非线性还包括材料特性的非线性，因此该方程对特定类型的轴向移动绳的横向非线性动力学研究更具有代表性。

由于实际工程中，轴向移动绳系统在运行时，对外界因素的干扰比较敏感，驱动导轮的微小偏心以及环境影响等都可以视为系统受到的外界激励，黏弹性轴向移动绳系统在外界激励时会产生受迫振动，从而引起轴向运动速度的变化，因此研究移动绳速度的波动对系统的影响很有必要，这种变化在数学上可用简谐波动来描述，即：

$$v(t) = v_0 + v_1 \cos \bar{\omega} t \qquad (3-57)$$

将其代入式(3-55)，可以得到黏弹性移动绳受迫振动运动方程为

$$\rho \frac{\partial^2 u}{\partial t^2} + 2\rho(v_0 + v_1 \cos \bar{\omega} t) \frac{\partial^2 u}{\partial x \partial t} + \left[\rho (v_0 + v_1 \cos \bar{\omega} t)^2 - \frac{P_0}{A} \right] \frac{\partial^2 u}{\partial x^2} - \rho v_1 \bar{\omega} \sin \bar{\omega} t \frac{\partial u}{\partial x}$$

$$= \frac{3}{2} E_0 \frac{\partial^2 u}{\partial x^2} \left(\frac{\partial u}{\partial x} \right)^2 + \eta \frac{\partial^3 u}{\partial x^2 \partial t} \left(\frac{\partial u}{\partial x} \right)^2 + 2\eta \frac{\partial^2 u}{\partial x \partial t} \frac{\partial^2 u}{\partial x^2} \frac{\partial u}{\partial x} \qquad (3-58)$$

为了简化计算，同时考虑运动模型方程的通用性，引入下述无量纲变量和参数：

$$U = \frac{u}{l}, X = \frac{u}{l}, T = \frac{t}{l} \sqrt{\frac{P_0}{\rho A}}, \omega = \bar{\omega} l \sqrt{\frac{\rho A}{P_0}}$$

$$(3-59)$$

$$E_e = \frac{E_0 A}{P_0}, E_v = \frac{\eta}{l} \sqrt{\frac{A}{\rho P_0}}, \gamma_0 = v_0 \sqrt{\frac{\rho A}{P_0}}, \gamma_1 = v_1 \sqrt{\frac{\rho A}{P_0}}$$

将上式(3-59)代入式(3-58)并化简,得到具有 Kelvin 模型的黏弹性轴向移动绳横向非线性振动无量纲运动方程:

$$\frac{\partial^2 U}{\partial T^2} + 2(\gamma_0 + \gamma_1 \cos\omega T)\frac{\partial^2 U}{\partial X \partial T} + [(\gamma_0 + \gamma_1 \cos\omega T)^2 - 1]\frac{\partial^2 U}{\partial X^2} - \omega\gamma_1\sin\omega T \frac{\partial U}{\partial X}$$

$$- \frac{3}{2}E_e\left(\frac{\partial U}{\partial X}\right)^2 \frac{\partial^2 U}{\partial X^2} - E_v\left(\frac{\partial U}{\partial X}\right)^2 \frac{\partial^3 U}{\partial X^2 \partial T} - 2E_v \frac{\partial U}{\partial X}\frac{\partial^2 U}{\partial X^2}\frac{\partial^2 U}{\partial X \partial T} = 0 \quad (3-60)$$

相应的无量纲边界条件为

$$U(0,T) = U(1,T) = 0 \quad (3-61)$$

3.5.2　非线性黏弹性移动绳模型的伽辽金离散

对于无量纲方程式(3-60),假设定长度黏弹性轴向移动绳无量纲振动方程的解具有式(3-62)所示形式:

$$U(X,T) = \sum_{i=1}^{n} q_i(T)\varphi_i(X) \quad (3-62)$$

上式中 $q_i(t)$(其中,$i=1,2,\cdots,n$)为广义坐标,$\varphi_i(x)$为所选取的试函数,通过伽辽金离散法求解系统无量纲非线性振动方程时,如何选择合适的试函数对加权余量的计算有重要的影响。常用的试函数主要有:多项式、三角函数、样条函数、梁振动参数、正交多项式共五种试函数。试函数的选择在计算中十分重要,不仅影响计算结果的精度还会影响解的收敛速度,试函数的选择应当综合以下几个原则:

(1)试函数必须是完备的函数集,并且各项试函数彼此之间是线性无关的,同时试函数应当满足余量在消除加权积分式最高阶导数后的一阶导数连续性;

(2)所选取的试函数应与所求系统运动方程的解具有相似的数学特性,即拟解决问题的对称性和边界条件可以有助于试函数的选择,如果拟解决的问题是对称的,那么试函数也应当是对称的;

(3)试函数的选择应该还具有正交性,即任意两个不同试函数在试函数空间上的积分为零。

综合考虑以上选取原则,同时兼顾求解的简便性选择如下所示的试函数:

$$\varphi_i(X) = \sqrt{2}\sin(i\pi X) \quad (3-63)$$

为了方便本书后续计算,需要先对式(3-62)表示的横向振动位移的表达式求偏导如下:

$$U_T(X,T) = \sum_{i=1}^{n}[\varphi_i(X)\dot{q}_i(T)]; \quad U_{TT}(X,T) = \sum_{i=1}^{n}[\varphi_i(X)\ddot{q}_i(T)];$$

$$U_X(X,T) = \sum_{i=1}^{n} \left[\varphi'_i(X)q_i(T) \right]; \quad U_{XX}(X,T) = \sum_{i=1}^{n} \left[\varphi''_i(X)q_i(T) \right];$$

$$U_{XT}(X,T) = \sum_{i=1}^{n} \left[\varphi'_i(X)\dot{q}_i(T) \right]; \quad U_{XXT}(X,T) = \sum_{i=1}^{n} \left[\varphi''_i(X)\dot{q}_i(T) \right].$$

$$(3-64)$$

将式(3-64)所示的偏导数代入无量纲方程(3-60),可得下述方程:

$$\sum_{i=1}^{n} \left\{ \varphi_i(X)\ddot{q}_i(T) + 2(\gamma_0 + \gamma_1\cos\omega t)\left[\varphi'_i(X)\dot{q}_i(T)\right] + \left[(\gamma_0 + \gamma_1\cos\omega t)^2 - 1\right]\left[\varphi''_i(X)q_i(T)\right] - \right.$$

$$\left. \omega\gamma_1\sin\omega t\left[\varphi_i(X)\dot{q}_i(T)\right] - \frac{3}{2}E_e\left[\varphi'^2_i(X)\varphi''_i(X)q_i^3(T)\right] - 3E_v\left[\varphi'^2_i(X)\varphi''_i(X)q_i^2(T)\dot{q}_i(T)\right] \right\} = 0$$

$$(3-65)$$

对方上式左右两边分别乘以 $\varphi_j(x)(j=1,2,3,\cdots,n)$,并求方程在区间[0,1]上的积分,应用伽辽金加权余量法,使上述余量为零,上述方程可以离散为如下形式:

$$\boldsymbol{M}_1\ddot{\boldsymbol{Q}}_1 + \boldsymbol{C}_1\dot{\boldsymbol{Q}}_1 + \boldsymbol{K}_1\boldsymbol{Q}_1 + \boldsymbol{N}_1\boldsymbol{Q}_1^3 + \boldsymbol{N}_2\boldsymbol{Q}_1^2\dot{\boldsymbol{Q}}_1 = 0 \qquad (3-66)$$

式(3-66)中 $\boldsymbol{Q}_1 = [q_1, q_2, \cdots q_n]^{\mathrm{T}}$,为轴向移动绳系统横向非线性振动位移的广义坐标向量,$\boldsymbol{M}_1$、$\boldsymbol{C}_1$、$\boldsymbol{K}_1$ 分别为与广义坐标相对应的质量、陀螺、刚度系数矩阵,$\boldsymbol{N}_1$、$\boldsymbol{N}_2$ 均为系统非线性项系数矩阵,其中 $\boldsymbol{M}_1$、$\boldsymbol{K}_1$ 矩阵为对称矩阵,$\boldsymbol{C}_1$、$\boldsymbol{N}_1$、$\boldsymbol{N}_2$ 为反对称矩阵,具体各项矩阵元素表示为

$$\boldsymbol{M}_{1,ij} = \int_0^1 \varphi_i(X)\varphi_j(X)\mathrm{d}X \qquad (3-67)$$

$$\boldsymbol{C}_{1,ij} = 2(\gamma_0 + \gamma_1\cos\omega T)\int_0^1 \varphi'_i(X)\varphi_j(X)\mathrm{d}X \qquad (3-68)$$

$$\boldsymbol{K}_{1,ij} = \left[(\gamma_0 + \gamma_1\cos\omega T)^2 - 1\right]\int_0^1 \varphi''_i(X)\varphi_j(X)\mathrm{d}X - (\omega\gamma_1\sin\omega T)$$

$$\int_0^1 \varphi'_i(X)\varphi_j(X)\mathrm{d}X \qquad (3-69)$$

$$\boldsymbol{N}_{1,ij} = -\frac{3}{2}E_e\int_0^1 \varphi'^2_i(X)\varphi''_i(X)\varphi_j(X)\mathrm{d}X \qquad (3-70)$$

$$\boldsymbol{N}_{2,ij} = -2E_v\int_0^1 \varphi'^2_i(X)\varphi''_i(X)\varphi_j(X)\mathrm{d}X \qquad (3-71)$$

　　通过对常微分方程(3-66)求得系统横向振动位移矩阵 Q,再将 Q 代入式(3-62)即可求的具有 Kelvin 模型的黏弹性轴向移动绳横向非线性振动方程不同时刻的位移响应。定长度轴向移动绳系统横向非线性振动方程通过伽辽金离散后,对系数矩阵式(3-67)~式(3-71)取二阶截断后得到以下运动方程:

$$
\begin{bmatrix} \dfrac{1}{2} & 0 \\[2mm] 0 & \dfrac{1}{2} \end{bmatrix} \begin{bmatrix} \ddot{q}_1 \\[1mm] \ddot{q}_2 \end{bmatrix} + 2(\gamma_0 + \gamma_1 \cos\omega T) \begin{bmatrix} 0 & \dfrac{4}{3} \\[2mm] -\dfrac{4}{3} & 0 \end{bmatrix} \begin{bmatrix} \dot{q}_1 \\[1mm] \dot{q}_2 \end{bmatrix} + [(\gamma_0 + \gamma_1 \cos\omega T)^2 - 1]
$$

$$
\begin{bmatrix} -\dfrac{\pi^2}{2} & 0 \\[2mm] 0 & -2\pi^2 \end{bmatrix} \begin{bmatrix} q_1 \\[1mm] q_2 \end{bmatrix} - (\omega\gamma_1 \sin\omega T) \begin{bmatrix} 0 & \dfrac{4}{3} \\[2mm] -\dfrac{4}{3} & 0 \end{bmatrix} \begin{bmatrix} q_1 \\[1mm] q_2 \end{bmatrix} - \dfrac{3}{2} E_e
$$

$$
\begin{bmatrix} -\dfrac{\pi^4}{8} & 0 \\[2mm] 0 & -2\pi^4 \end{bmatrix} \begin{bmatrix} q_1^3 \\[1mm] q_2^3 \end{bmatrix} - 3E_v \begin{bmatrix} -\dfrac{\pi^4}{8} & 0 \\[2mm] 0 & -2\pi^4 \end{bmatrix} \begin{bmatrix} q_1^2 \dot{q}_1 \\[1mm] q_2^2 \dot{q}_2 \end{bmatrix} = \begin{Bmatrix} 0 \\ 0 \end{Bmatrix} \qquad (3-72)
$$

　　为了研究具有 Kelvin 模型的黏弹性轴向移动绳横向非线性振动位移响应,分别选取系统初始参数值 $\omega = 1$,系统初始无量纲速度 γ_0 和扰速度 γ_1 均为 0.1,初始横向位移 $A_0 = q_1 = 0.01$,$q_2 = 0$,$\dot{q}_1 = \dot{q}_2 = 0$。移动绳在非线性项参数 $E_e = 100$,$E_v = 10$、20、30 条件下 1 个周期内振动位移响应结果如图 3-6 ~ 图 3-7 所示,图中的曲线为不同时刻下移动绳横向振动位移响应曲线,其中横坐标为无量纲绳长,纵坐标也为无量纲横向振动位移。

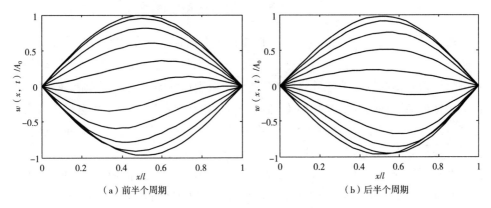

（a）前半个周期　　　　　　　　　　　　　　（b）后半个周期

图 3-6　$E_v = 10$ 时,移动绳在一个周期内的横向非线性振动位移响应

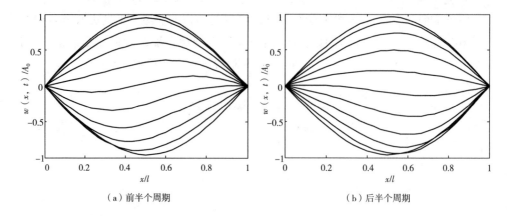

图 3－7　$E_v = 20$ 时，移动绳在一个周期内的横向非线性振动位移响应

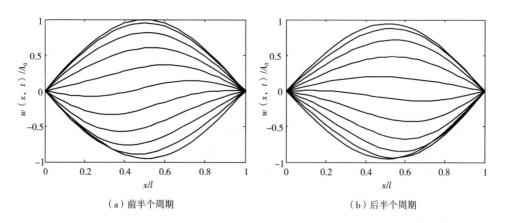

图 3－8　$E_v = 30$ 时，移动绳在一个周期内的横向非线性振动位移响应

　　通过对比上图 3－6～图 3－7 可知，具有 Kelvin 模型的黏弹性轴向移动绳系统横向非线性自由振动位移响应曲线在经历一个周期后，其响应曲线总是不能恢复到系统初始时刻的振动位移处，移动绳的自由振动位移振幅呈现逐渐衰减趋势，而且随着材料黏弹性特性的增强即 E_v 值的增大，移动绳系统振动位移响应曲线衰减的更多。上述仿真结果很好地验证了我们日常生活中所见的实例，即对于做自由振动的移动绳来说，随着时间的增长移动绳的横向振动位移总是不断减小最后停止在平衡位置处，其原因正是由于日常所见的移动绳大多是黏弹性材料制成，不仅包含几何变形的非线性还包括材料特性的非线性，使得移动绳振动位移不断衰减。

3.6　时变自由度技术

对于变长度绳有限元模型,如果单元数一定,则绳长变化会引起单元长度发生变化,从而导致计算精度变差。为了克服单元长度变化的问题,需要让单元数随绳长变化自适应增加或者减少,从而保证单元长度比较均匀一致。但是,当单元数变化时,常规的 Newmark-Beta 方法不再适用,常规的 Newmark-Beta 方法只适用于时间步前后单元数(自由度数)一样的系统。为克服以上矛盾,本节介绍混合的 Newmark-Beta/TV-DOF(Newmark-Beta/ 时变自由度) 技术,方法过程如下:

(1) 在应用常规 Newmark-Beta 方法时,在第 i 步到第 $i+1$ 步过程,计算增加的单元数 Δn_{i+1}(假设为 2 节点单元):

$$\Delta n_{i+1} = \mathrm{round}([l(i+1) - l(0)]/\Delta l - n_i) \qquad (3-73)$$

则第 $i+1$ 步的单元数为

$$n_{i+1} = n_i + \Delta n_{i+1} \qquad (3-74)$$

其中, Δl 为单元长度, $l(i+1)$ 为 $i+1$ 时刻绳长, $l(0)$ 为初始绳长, n_i 为 i 时刻单元数。$\mathrm{round}(\cdot)$ 为取整函数。

(2) 采用二次样条插值技术对 i 时刻的数据插入 Δn_{i+1} 个数据,使它的维数和 $i+1$ 时刻的维数一致,这样就能保证 Newmark-Beta 方法可以正常使用。插值函数 CSI 为

$$\boldsymbol{IQ}_i = \mathrm{CSI}(x_i, \boldsymbol{Q}_i, n_{i+1}+1) \qquad (3-75)$$

$$\boldsymbol{I\dot{Q}}_i = \mathrm{CSI}(x_i, \dot{\boldsymbol{Q}}_i, n_{i+1}+1) \qquad (3-76)$$

$$\boldsymbol{I\ddot{Q}}_i = \mathrm{CSI}(x_i, \ddot{\boldsymbol{Q}}_i, n_{i+1}+1) \qquad (3-77)$$

其中, $\boldsymbol{Q}_i$、$\dot{\boldsymbol{Q}}_i$ 和 $\ddot{\boldsymbol{Q}}$ 为 i 时刻的位移、速度、加速度数据,维数为 n_i+1。x_i 为 i 时刻各节点空间坐标。$\boldsymbol{IQ}_i$,$\boldsymbol{I\dot{Q}}_i$ 和 $\boldsymbol{I\ddot{Q}}_i$ 为样条插值后返回的 i 时刻的位移、速度、加速度数据,维数为 $n_{i+1}+1$。

(3) 应用 Newmark-Beta 方法,第 $i+1$ 时刻的位移和速度

$$\boldsymbol{Q}_{i+1} = \boldsymbol{IQ}_i + \boldsymbol{I\dot{Q}}_i \Delta t + \frac{1}{4}(\boldsymbol{I\ddot{Q}}_i + \ddot{\boldsymbol{Q}}_{i+1}^*)\Delta t^2 \qquad (3-78)$$

$$\dot{\boldsymbol{Q}}_{i+1} = \boldsymbol{I\dot{Q}}_i + \frac{1}{2}(\boldsymbol{I\ddot{Q}}_i + \ddot{\boldsymbol{Q}}_{i+1}^*)\Delta t \qquad (3-79)$$

其中, $\ddot{Q}_{i+1}^{*}$ 为预设的 $i+1$ 时刻的加速度为

$$\ddot{Q}_{i+1}^{*} = \begin{cases} \boldsymbol{\delta} & (i=1) \\ \boldsymbol{I}\ddot{Q}_{i} + \boldsymbol{\delta} & (i>1) \end{cases} \qquad (3-80)$$

$\boldsymbol{\delta}$ 为 n_i+1 维小的随机向量。因此可以计算得到 $i+1$ 时刻的加速度值为

$$\ddot{Q}_{i+1} = -\boldsymbol{M}_{i+1}^{-1}(\boldsymbol{C}_{i+1}\dot{Q}_{i+1} + \boldsymbol{K}_{i+1}\boldsymbol{Q}_{i+1} + \boldsymbol{N}_{i+1} - \boldsymbol{B}^{\mathrm{T}}\boldsymbol{F}_{i+1}) \qquad (3-81)$$

(4) 如果 $\|\ddot{Q}_{i+1} - \ddot{Q}_{i+1}^{*}\|$ 比给定的误差小,则 $\ddot{Q}_{i+1}$ 为第 $i+1$ 时刻的加速度,第 $i+1$ 步结束,进入下一时刻的程序,从(1)开始下一轮计算,过程和以上相同。如果 $\|\ddot{Q}_{i+1} - \ddot{Q}_{i+1}^{*}\|$ 比给定的误差大,则将 $\ddot{Q}_{i+1}$ 作为新的预设加速度 $\ddot{Q}_{i+1}^{*}$,回到(3)重新计算位移和速度,直到 $\|\ddot{Q}_{i+1} - \ddot{Q}_{i+1}^{*}\|$ 比给定的误差小。

第 4 章　　行波反射叠加法

行波反射叠加法是作者提出的获取轴向移动绳在多种边界条件下横向振动响应解析解的一系列方法。该方法是在计算无限长弦、杆、传输线等横向振动响应（行波解）的达朗贝尔公式以及半无限边界条件下移动绳边界反射方程的基础上提出来的。

对于无限长的非移动绳，达朗贝尔（d'Alembert）公式是一种经典的求解方法，Swope 和 Ames 将此方法拓展并应用到无限长的移动绳上，在时域上给出了横向振动的精确解。但是当考虑边界条件时，行波的反射情况十分复杂，近年来，在有限域移动材料上应用行波解法已经取得了一些进展：Sirota 和 Halevi 得到了一个具有两个阻尼边界的有限长杆的振动响应。Gaiko 和 van Horssen 研究了具有非典型边界的半无限长移动绳的行波反射现象，这对我们的研究产生了重要的影响。

与一些数值法［伽辽金（Galerkin）法、有限元法等］和近似解法（摄动法、傅里叶级数法等）相比，本章所提出的行波反射叠加法给出的是解析解，能够严格满足典型与非典型边界条件，不需要知道系统的频谱和特征值。此方法的原理为轴向移动绳的横向振动可表示为左、右行波及其反射波的叠加，左、右行波的表达式由初始条件及激励决定，反射波由边界反射方程推导。左、右行波经过边界反射，在一个振动周期结束时回到初始位置。在后续周期中的振动与第一周期过程类似，只不过初始条件变成了前一周期的末状态。为满足解的连续性及高阶连续性，振动响应还要满足边界连续性条件。如此循环迭代可以计算出轴向绳移系统任意时刻的振动响应。与数值计算方法相比，该方法计算精度高，稳定性好。以该方法为基础，可以研究轴向移动绳的能量变化及振动控制问题。本章对该方法计算过程进行详细说明。

4.1　　边界反射

本节研究行波在一次边界反射的反射方程。图 4-1 为有限长轴向移动绳系统的行波边界反射叠加原理图，两端为固定边界。绳以速度 v 向右移动，绳上的右行

波 F_1 和 F_2 以相对绳的速度 c 向右传播,绳上的左行波 G_1 和 G_2 以相对绳的速度 c 向左传播。以右行波 F_1 为例,当 F_1 遇到右边界时,会产生反射,得到反射波 G_2。移动绳的振动波形由入射波(F_1,G_1) 和反射波(G_2,F_2) 叠加得到。这里研究在不同边界条件下反射波如 G_2、F_2 与入射波如 F_1、G_1 的关系,不同边界条件见表 2-1 所列。

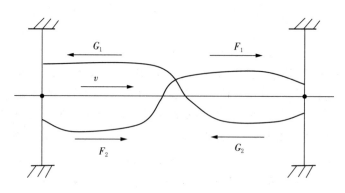

图 4-1   行波边界反射叠加原理示意图

4.1.1   边界反射方程

本节按照绳的左边界为 $x=0$、右边界为 $x=l_0$ 进行边界反射方程推导,对于边界在其他位置的实际情况,可以按照同样的方法进行相应推导得到具体的边界反射公式。绳移速度为 v,波在绳上的速度为 c,则右行波 F 的移动速度为 $v_r=c+v$,左行波 G 的移动速度为 $v_l=c-v$。左边界的入射波表示为 $G(x+v_lt)$,反射波表示为 $F(x-v_rt)$,横向位移为两行波的叠加,即

$$u(x,t)=F(x-v_rt)+G(x+v_lt) \qquad (4-1)$$

左边界点的响应为入射波和反射波叠加的结果,即

$$u(0,t)=F(-v_rt)+G(v_lt) \qquad (4-2)$$

对于右边界,入射波表示为 $F(x-v_rt)$,反射波表示为 $G(x+v_lt)$,右边界点的响应为入射波和反射波叠加的结果,即

$$u(l_0,t)=F(l_0-v_rt)+G(l_0+v_lt) \qquad (4-3)$$

具体边界条件见 2.1.3 节,这里令绳的张紧力为 P,下面分别进行推导。

1. 右端为固定边界:$u(l_0,t)=0$

对式(4-3)利用边界条件并令 $s=l_0+v_lt$,得到反射波方程

$$G(s) = -F\left(\frac{2cl_0}{v_l} - \frac{v_r}{v_l}s\right) \tag{4-4}$$

2. 右端为自由边界：$u_x(l_0,t) = 0$

同理，根据式(4-1)得到

$$G'(s) = F'\left(\frac{2cl_0}{v_l} - \frac{v_r}{v_l}s\right) \tag{4-5}$$

3. 右边界为质量-阻尼-弹簧边界：$mu_{tt}(l_0,t) + ku(l_0,t) + \eta u_t(l_0,t) + Pu_x(l_0,t) = 0$

同样将式(4-1)代入边界条件并换元，令 $s = l_0 + v_l t$ 得到

$$mv_l^2 G''(s) + (\eta v_l + P)G'(s) + kG(s) =$$

$$-mv_r^2 F''\left(\frac{2cl_0 - v_r s}{v_l}\right) + (\eta v_r - P)F'\left(\frac{2cl_0 - v_r s}{v_l}\right) - kF\left(\frac{2cl_0 - v_r s}{v_l}\right) \tag{4-6}$$

4. 右边界为弹簧-阻尼边界：$ku(l_0,t) + \eta u_t(l_0,t) + Pu_x(l_0,t) = 0$

根据质量-阻尼-弹簧边界退化，令 $m = 0$，易得

$$(\eta v_l + P)G'(s) + kG(s) = (\eta v_r - P)F'\left(\frac{2cl_0 - v_r s}{v_l}\right) - kF\left(\frac{2cl_0 - v_r s}{v_l}\right) \tag{4-7}$$

5. 右边界为阻尼边界：$\eta u_t(l_0,t) + Pu_x(l_0,t) = 0$

根据阻尼-弹簧边界退化，令 $k = 0$，易得

$$(\eta v_l + P)G'(s) = (\eta v_r - P)F'\left(\frac{2cl_0 - v_r s}{v_l}\right) \tag{4-8}$$

这里，式(4-5)至式(4-8)包含了右边界 $x = l_0$ 的入射波和反射波的关系，并非真正的边界反射方程。在后面章节中将给出对应边界条件下的边界反射方程的具体表达式。

4.1.2　边界连续性条件

众所周知，求解微分方程时，其通解都包含有未知常数，而这些未知常数是由微分方程的定解条件确定的。微分方程的定解条件分为两类：一类是初始条件，另一类是边界条件。当微分方程中的未知数的自变量只有时间时，那么定解条件是初始条件，初始条件包括初始位移、初始速度等；当自变量为空间变量（如空间位置）时，其定解条件为边界条件，边界条件包括弹性梁的简支端、固定端的位移限制等；对于混合型的偏微分方程问题，两种条件可以都存在。本节中系统模型的运动方程均为偏微分方程，所以必须存在初始条件和边界条件，才能确定移动绳的横向

振动响应。

　　设已知初始条件为

$$\begin{cases} u(x,0)=\varphi(x) \\ u_t(x,0)=\psi(x) \end{cases},0 \leqslant x \leqslant l_0 \tag{4-9}$$

式(4-9)中,两表达式分别表示初始位移和初始速度。如图4-1所示,下面将以左端自由右端固定的有限边界移动绳为例:

　　结合式(4-9)和式(4-1)可得图4-1中行波 F_1 和 G_1 在初始时刻的表达式:

$$\begin{cases} F_1(x)=\dfrac{v_l}{v_r+v_l}\varphi(x)-\dfrac{1}{v_r+v_l}\int_{x_1}^{x}\psi(\xi)\,\mathrm{d}\xi \\ G_1(x)=\dfrac{v_r}{v_r+v_l}\varphi(x)+\dfrac{1}{v_r+v_l}\int_{x_1}^{x}\psi(\xi)\,\mathrm{d}\xi \end{cases} \tag{4-10}$$

　　在用行波反射叠加法求解横向振动位移时,解是由几段行波构成,即由几段函数构成,为了保证在连接处的连续性和光滑性,初始条件的选择必须满足一些条件。行波 G_2 是行波 F_1 的反射波,当 $t=0$ 时,行波 G_1 和 G_2 在分段点 $x=l_0$ 满足连续性和光滑性:

$$\begin{cases} G_1(l_0)=G_2(l_0) \\ G_1^{(n)}(l_0)=G_2^{(n)}(l_0) \end{cases} \tag{4-11}$$

　　此时 $u(x,0)$ 就是 n 阶连续光滑的,由于不同时刻的横向振动位移 $u(x,t)$ 是行波函数 $F(x)$ 和 $G(x)$ 变形后的叠加,因此横向振动位移 $u(x,t)$ 也是 n 阶连续光滑的。

　　G_2 的表达式可由式(4-4)得到,将其代入式(4-11)可得

$$\begin{cases} G_2(l_0)=-F_1(l_0)=G_1(l_0) \\ G_2^{(n)}(l_0)=-\left(-\dfrac{v_r}{v_l}\right)^n F_1^{(n)}(l_0)=G_1^{(n)}(l_0) \end{cases} \tag{4-12}$$

　　将式(4-10)代入式(4-12)可得

$$\begin{cases} \varphi(l_0)=0 \\ \varphi^{(n)}(l_0)(v_l\,(-v_r)^n+v_r\,(v_l)^n)=\psi^{(n-1)}(l_0)((-v_r)^n-(v_l)^n) \end{cases} \tag{4-13}$$

　　所以,为了使横向振动位移 $u(x,t)$ 达到连续及 n 阶光滑,初始位移 $\varphi(x)$ 和初始速度 $\psi(x)$ 必须满足式(4-13)。其他边界条件的情况均可类比此过程得到 n 阶连续

光滑的条件。

4.1.3　边界反射周期

当轴向移动绳有左右边界时,行波在左右边界均发生反射,如图 4-2 所示,表示初始时刻移动绳横向位移振动,其中图 4-2(b) 为初始左移行波 G,图 4-2(c) 为初始右移行波 F,图 4-2(b) 和(c) 的叠加为图 4-2(a) 的初始位移 $w(x,t)$。

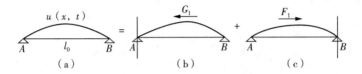

图 4-2　由两个行波构成的初始位移

系统的运动呈周期性,当绳长恒定,其横向自由振动周期也恒定,最小周期 T_0 为入射波经过反射回到初始状态的时间,表达式如下:

$$T_0 = \frac{l_0}{v_l} + \frac{l_0}{v_r} = \frac{2cl_0}{v_l v_r} \qquad (4-14)$$

按照轴向移动绳系统中行波运动规律将所述振动周期 T 分为三个阶段,分别为 $[0, t_a]$、$[t_a, t_b]$、$[t_b, T_0]$,其中 $0 < t_a < t_b < T_0$;右移行波 F 和左移行波 G 的运动规律相似,因此以右移行波 F 分析运动时间,定义 t_r 为初始右移行波 F 的左端点 f_1 从 A 点运动到 B 点的时间,$t_r = l_0/v_r$;t_l 为初始右移行波 F 的右端点 f_2 从 B 点运动到 A 点的时间,$t_l = l_0/v_l$;对于轴向移动绳从左往右移动,$v > 0$,t_a 取值为 t_r,t_b 取值为 t_l;对于轴向移动绳从右往左移动,即 $v < 0$,t_a 取值为 t_l,t_b 取值为 t_r;下面分三个阶段结合运动初始条件和边界条件分别求解横向位移振动。

第一个阶段 $0 \leqslant t \leqslant t_a$ 中,如图 4-3 所示,左移行波 G 分为行波 G_1 和行波 G_2,右移行波 F 分为行波 F_1 和行波 F_2;其中,图 4-3(b) 为左行波 G_1 在左边界 $x=0$ 处发生反射的状态,并得到右行波 F_2,图 4-3(c) 为右行波 F_1 在右边界 $x=l_0$ 处发生反射的状态,并得到左行波 G_2,图 4-3(b) 和(c) 的叠加为图 4-3(a)。

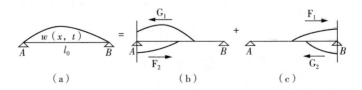

图 4-3　第一个阶段中的左移行波和右移行波构成的横向自由位移振动

在第二个阶段 $t_a \leqslant t \leqslant t_b$ 中,当绳移速度的方向不同时,左移行波和右移行波的构成是不同的,以绳移速度 $v \geqslant 0$ 为例,即轴向移动绳向右移动时,如图 4-4 所示,左移行波 G 分为行波 G_1、行波 G_2 和行波 G_3,右移行波 F 即为行波 F_2,图 4-4(b) 为左行波 G_1 在左边界 $x=0$ 处发生反射并得到右行波 F_2,右行波 F_2 在右边界 $x=l_0$ 处发生反射并得到左行波 G_3 的状态,图 4-4(c) 为第一阶段中的右行波 F_1 在右边界 $x=l_0$ 处全部发生反射后得到左行波 G_2 的状态,图 4-4(b) 和图 4-4(c) 的叠加为图 4-4(a)。

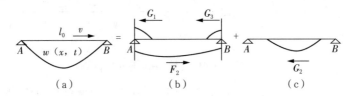

图 4-4   当 $v > 0$ 时第二个阶段中的左移行波和右移行波

第三个阶段 $t_b \leqslant t \leqslant T$ 中,如图 4-5 所示,左移行波 G 分为行波 G_2 和行波 G_3,右移行波 F 分为行波 F_2 和行波 F_3,其中,图 4-5(b) 为第一阶段中的左行波 G_1 在左边界 $x=0$ 处全部发生反射后得到右行波 F_2,右行波 F_2 在右边界 $x=l_0$ 处发生反射并得到左行波 G_3 的状态,图 4-5(c) 为右行波 F_1 在右边界 $x=l_0$ 处全部发生反射后得到左行波 G_2,左行波 G_2 在左边界 $x=0$ 处发生反射并得到右行波 F_3 的状态;图 4-5(b) 和图 4-5(c) 的叠加为图 4-5(a)。

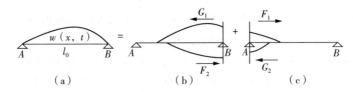

图 4-5   第三个阶段中左移行波和右移行波构成的横向自由振动位移

4.2   单周期行波反射叠加法

下面将用几个例子来展示单周期行波反射叠加法的具体实施过程。

4.2.1   固定及阻尼-弹簧边界

如图 4-6 的固定及阻尼-弹簧边界的轴向绳移系统的动力学方程以及边界条

件均在式(2-18)和式(2-22)中给出,将通解式(4-1)代入边界条件式(2-22)可得

$$F(-v_r t) = -G(v_l t) \tag{4-15}$$

$$G'(l_0 + v_l t) - \alpha G(l_0 + v_l t) = \beta F'(l_0 - v_r t) + \alpha F(l_0 - v_r t) \tag{4-16}$$

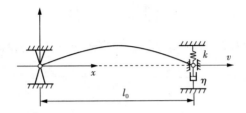

图 4-6　固定及阻尼-弹簧边界的轴向绳移系统

其中,

$$\begin{cases} \alpha = \dfrac{k}{-\eta v_l - P} \\[4mm] \beta = \dfrac{\eta v_r - P}{\eta v_l + P} \end{cases} \tag{4-17}$$

对式(4-15)和式(4-16)进行变量代换,令$-v_r t = r$, $l_0 + v_l t = s$:

$$F(r) = -G\left(-\frac{v_l}{v_r} r\right) \tag{4-18}$$

$$G'(s) - \alpha G(s) = \beta F'\left(\frac{2cl_0}{v_l} - \frac{v_r}{v_l} s\right) + \alpha F\left(\frac{2cl_0}{v_l} - \frac{v_r}{v_l} s\right) \tag{4-19}$$

由 4.1.3 小节可知,在右边界处,左行波G由右行波F反射而来,但要分情况讨论。当$0 < t < t_a$时,右行波F_1在右边界处反射产生左行波G_2;当$t_a < t < T_0$时,右行波F_2在左边界处反射产生左行波G_3。

1. 右边界为阻尼-弹簧的G_2和G_3

1) 求解G_2

注意到s的取值范围为$[l_0, l_0 + v_l t_a]$,对式(4-19)在l_0到x上进行积分,并在等式两侧同乘以积分因子e^{-as}可得

$$\int_{l_0}^{x} \left[G'_2(s) - \alpha G_2(s)\right] e^{-as} ds = \int_{l_0}^{x} \left[\beta F'_1\left(\frac{2cl_0}{v_l} - \frac{v_r}{v_l} s\right) + \alpha F_1\left(\frac{2cl_0}{v_l} - \frac{v_r}{v_l} s\right)\right] e^{-as} ds$$

$$\tag{4-20}$$

利用 $\int_{l_0}^{x} \left[G'_2(s) - \alpha G_2(s) \right] \mathrm{e}^{-\alpha s}\, \mathrm{d}s = G_2(s)\mathrm{e}^{-\alpha s}\Big|_{l_0}^{x}$

求解 $G_2(x)$ 可得

$$G_2(x) = \left(G_2(l_0) + \beta \frac{v_l}{v_r} F_1(l_0) \right) \mathrm{e}^{\alpha(x - l_0)} - \beta \frac{v_l}{v_r} F_1\left(\frac{2cl_0}{v_l} - \frac{v_r}{v_l}x \right)$$

$$+ \alpha \left(1 - \beta \frac{v_l}{v_r} \right) \int_{l_0}^{x} F_1\left(\frac{2cl_0}{v_l} - \frac{v_r}{v_l}s \right) \mathrm{e}^{\alpha(x - s)}\, \mathrm{d}s \qquad (4-21)$$

其中,根据连续性可得 $G_2(l_0) = G_1(l_0)$。根据式(4-18)易得 F_2:

$$F_2(x) = -G_1\left(-\frac{v_l}{v_r}x \right) \qquad (4-22)$$

2) 求解 G_3

注意到 s 的取值范围为 $[l_0 + v_l t_a, l_0 + v_l T_0]$,对式(4-19)在 $l_0 + v_l t_a$ 到 x 上进行积分,并在等式两侧同乘以积分因子 $\mathrm{e}^{-\alpha s}$ 可得

$$G_3(x) = \left(G_3(l_0 + v_l t_a) + \beta \frac{v_l}{v_r} F_2(l_0 - v_r t_a) \right) \mathrm{e}^{\alpha(x - l_0 - v_l t_a)} - \beta \frac{v_l}{v_r} F_2\left(\frac{2cl_0}{v_l} - \frac{v_r}{v_l}x \right)$$

$$+ \alpha \left(1 - \beta \frac{v_l}{v_r} \right) \int_{l_0 + v_l t_a}^{x} F_2\left(\frac{2cl_0}{v_l} - \frac{v_r}{v_l}s \right) \mathrm{e}^{\alpha(x - s)}\, \mathrm{d}s \qquad (4-23)$$

其中,根据连续性可得 $G_3(l_0 + v_l t_a) = G_2(l_0 + v_l t_a)$。

F_3 可结合式(4-21)和式(4-18)得到:

$$F_3(x) = -\left(G_2(l_0) + \beta \frac{v_l}{v_r} F_1(l_0) \right) \mathrm{e}^{\alpha\left(-\frac{v_l}{v_r}x - l_0 \right)} + \beta \frac{v_l}{v_r} F_1\left(\frac{2cl_0}{v_l} + x \right)$$

$$- \alpha \left(1 - \beta \frac{v_l}{v_r} \right) \int_{l_0}^{-\frac{v_l}{v_r}x} F_1\left(\frac{2cl_0}{v_l} - \frac{v_r}{v_l}s \right) \mathrm{e}^{\alpha\left(-\frac{v_l}{v_r}x - s \right)}\, \mathrm{d}s \qquad (4-24)$$

综上可得行波 G_2, F_2, G_3 和 F_3 的具体表达式为

$$G_2(x + v_l t) = \left[G_1(l_0) + \beta \frac{v_l}{v_r} F_1(l_0) \right] \mathrm{e}^{\alpha(x - l_0)} - \beta \frac{v_l}{v_r} F_1\left[\frac{2cl_0}{v_l} - \frac{v_r}{v_l}(x + v_l t) \right]$$

$$+ \alpha \left(1 - \beta \frac{v_l}{v_r} \right) \int_{l_0}^{x + v_l t} F_1\left(\frac{2cl_0}{v_l} - \frac{v_r}{v_l}s \right) \mathrm{e}^{\alpha(x + v_l t - s)}\, \mathrm{d}s \qquad (4-25)$$

$$F_2(x - v_l t) = -G_1\left(-\frac{v_l}{v_r}(x - v_l t) \right) \qquad (4-26)$$

$$G_3(x + v_l t) = \left[G_2(l_0 + v_l t_a) + \beta \frac{v_l}{v_r} F_2(l_0 - v_r t_a) \right] \mathrm{e}^{\alpha(x + v_l t - l_0 - v_l t_a)}$$

$$-\beta\frac{v_l}{v_r}F_2\left(\frac{2cl_0}{v_l}-\frac{v_r}{v_l}(x+v_lt)\right)+\alpha\left(1-\beta\frac{v_l}{v_r}\right)$$

$$\int_{l_0+v_lt_a}^{x+v_lt}F_2\left(\frac{2cl_0}{v_l}-\frac{v_r}{v_l}s\right)\mathrm{e}^{\alpha(x+v_lt-s)}\,\mathrm{d}s \tag{4-27}$$

$$F_3(x-v_rt)=-G_2\left(-\frac{v_l}{v_r}(x-v_rt)\right) \tag{4-28}$$

2. 右侧阻尼-弹簧边界的退化

1)$k=0,\eta\neq0$

当 $k=0$ 且 $\eta\neq0$ 时,右边界退化为阻尼边界。根据式(4-17),即 $\alpha=0$,各行波表达式为:

$$G_2(x+v_lt)=G_1(l_0)+\beta\frac{v_l}{v_r}F_1(l_0)-\beta\frac{v_l}{v_r}F_1\left(\frac{2cl_0}{v_l}-\frac{v_r}{v_l}(x+v_lt)\right) \tag{4-29}$$

$F_2(x-v_rt)$ 的表达式与式(4-26)一致;

$$G_3(x+v_lt)=G_2(l_0+v_lt_a)+\beta\frac{v_l}{v_r}F_2(l_0-v_rt_a)-\beta\frac{v_l}{v_r}F_2\left(\frac{2cl_0}{v_l}-\frac{v_r}{v_l}(x+v_lt)\right) \tag{4-30}$$

$$F_3(x-v_rt)=-G_2(l_0)+\beta\frac{v_l}{v_r}F_1(l_0)+\beta\frac{v_l}{v_r}F_1\left(\frac{2cl_0}{v_l}+x-v_rt\right) \tag{4-31}$$

2)$\eta=0,k\neq0$

当 $\eta=0$ 且 $k\neq0$ 时,即 $\beta=-1$,右边界退化为弹簧边界,各行波表达式为

$$\begin{cases}G_2(x+v_lt)=\left[G_1(l_0)-\dfrac{v_l}{v_r}F_1(l_0)\right]\mathrm{e}^{\alpha(x-l_0)}+\dfrac{v_l}{v_r}F_1\left[\dfrac{2cl_0}{v_l}-\dfrac{v_r}{v_l}(x+v_lt)\right]\\[3mm]\qquad\qquad+\dfrac{2\alpha c}{v_r}\displaystyle\int_{l_0}^{x+v_lt}F_1\left(\dfrac{2cl_0}{v_l}-\dfrac{v_r}{v_l}s\right)\mathrm{e}^{\alpha(x+v_lt-s)}\,\mathrm{d}s\\[3mm]G_3(x+v_lt)=\left[G_2(l_0+v_lt_a)-\dfrac{v_l}{v_r}F_2(l_0-v_rt_a)\right]\mathrm{e}^{\alpha(x+v_lt-l_0-v_lt_a)}+\dfrac{v_l}{v_r}F_2\left(\dfrac{2cl_0}{v_l}-\dfrac{v_r}{v_l}(x+v_lt)\right)\\[3mm]\qquad\qquad+\dfrac{2\alpha c}{v_r}\displaystyle\int_{l_0+v_lt_a}^{x+v_lt}F_2\left(\dfrac{2cl_0}{v_l}-\dfrac{v_r}{v_l}s\right)\mathrm{e}^{\alpha(x+v_lt-s)}\,\mathrm{d}s\end{cases} \tag{4-32}$$

$F_2(x-v_rt)$ 和 $F_3(x-v_rt)$ 的表达式分别和式(4-26)和式(4-28)一致。

3)$k=0$ 且 $\eta=0$

当 $k=0$ 且 $\eta=0$ 时，即 $\alpha=0$ 且 $\beta=-1$，则右边界退化为自由边界，各行波表达式为

$$G_2(x+v_l t)=G_1(l_0)-\frac{v_l}{v_r}F_1(l_0)+\frac{v_l}{v_r}F_1\left(\frac{2cl_0}{v_l}-\frac{v_r}{v_l}(x+v_l t)\right) \quad (4-33)$$

$F_2(x-v_r t)$ 的表达式与式(4-26)一致；

$$G_3(x+v_l t)=G_2(l_0+v_l t_a)-\frac{v_l}{v_r}F_2(l_0-v_r t_a)+\frac{v_l}{v_r}F_2\left[\frac{2cl_0}{v_l}-\frac{v_r}{v_l}(x+v_l t)\right]$$

$$(4-34)$$

$F_3(x-v_r t)$ 的表达式与式(4-28)一致。

4.2.2　阻尼-弹簧及自由边界

图 4-7 为阻尼-弹簧及自由边界的轴向移动绳简化模型，其中运动方程为式 (2-18)，边界条件可由表 2-1 得到，将通解式(4-1)代入边界条件并进行变量代换可得

$$G'(r)=-F'\left(\frac{2cl_0-v_r r}{v_l}\right) \quad (4-35)$$

$$F'(s)-\alpha F(s)=\beta G'\left(-\frac{v_l}{v_r}s\right)+\alpha G\left(-\frac{v_l}{v_r}s\right) \quad (4-36)$$

其中，$\begin{cases}\alpha=\dfrac{k}{\eta v_r+P} \\ \beta=\dfrac{\eta v_l-P}{\eta v_r+P}\end{cases}$，$r=l_0+v_l t$，$s=-v_r t$。

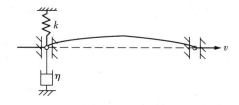

图 4-7　阻尼-弹簧及自由边界的轴向移动绳简化模型

由 4.1.3 小节可知，在左边界处，右行波 F 由左行波 G 反射而来，但要分情况讨论。$0<t<t_b$ 时，左行波 G_1 在左边界处反射产生右行波 F_2；$t_b<t<T_0$ 时，左行波

G_2 在左边界处反射产生右行波 F_3。

　　1. 左边界为阻尼-弹簧的 F_2 和 F_3

　　1) 求解 F_2

　　注意到 s 的取值范围为 $[0, -v_r t_b]$，对式（4-36）在 0 到 x 上进行积分，并在等式两侧同乘以积分因子 e^{-as} 可得

$$\int_0^x \left[F_2{}'(s) - \alpha F_2(s) \right] e^{-as} ds = \int_0^x \left[\beta G_1{}'\left(-\frac{v_l}{v_r}s \right) + \alpha G_1\left(-\frac{v_l}{v_r}s \right) \right] e^{-as} ds \quad (4-37)$$

求解 F_2 可得

$$F_2(x) = \left(F_2(0) + \beta \frac{v_r}{v_l}G_1(0) \right) e^{ax} - \beta \frac{v_r}{v_l}G_1\left(-\frac{v_l}{v_r}x \right) -$$

$$\alpha \left(\beta \frac{v_r}{v_l} - 1 \right) e^{ax} \int_0^x G_1\left(-\frac{v_l}{v_r}s \right) e^{-as} ds \quad (4-38)$$

其中，根据连续性可得 $F_2(0) = F_1(0)$。

　　2) 求解 F_3

　　注意到 s 的取值范围为 $[t_b, T_0]$，对式（4-36）在 $-v_r t_b$ 到 x 上进行积分，并在等式两侧同乘以积分因子 e^{-as} 可得

$$F_3(x) = \left(F_3(-v_r t_b) + \beta \frac{v_r}{v_l}G_2(v_l t_b) \right) e^{ax} - \beta \frac{v_r}{v_l}G_2\left(-\frac{v_l}{v_r}x \right) -$$

$$\alpha \left(\beta \frac{v_r}{v_l} - 1 \right) e^{ax} \int_{-v_r t_b}^x G_2\left(-\frac{v_l}{v_r}s \right) e^{-as} ds \quad (4-39)$$

其中，根据连续性可得 $F_3(-v_r t_b) = F_2(-v_r t_b)$。

　　综上可得，

$$F_2(x - v_r t) = \left(F_1(0) + \beta \frac{v_r}{v_l}G_1(0) \right) e^{a(x-v_r t)} - \beta \frac{v_r}{v_l}G_1\left(-\frac{v_l}{v_r}(x - v_r t) \right) -$$

$$\alpha \left(\beta \frac{v_r}{v_l} - 1 \right) e^{a(x-v_r t)} \int_0^{x-v_r t} G_1\left(-\frac{v_l}{v_r}s \right) e^{-as} ds \quad (4-40)$$

$$F_3(x - v_r t) = \left(F_2(-v_r t_b) + \beta \frac{v_r}{v_l}G_2(v_l t_b) \right) e^{a(x-v_r t)} - \beta \frac{v_r}{v_l}G_2\left(-\frac{v_l}{v_r}(x - v_r t) \right) -$$

$$\alpha \left(\beta \frac{v_r}{v_l} - 1 \right) e^{a(x-v_r t)} \int_{-v_r t_b}^{x-v_r t} G_2\left(-\frac{v_l}{v_r}s \right) e^{-as} ds \quad (4-41)$$

$G_2(x + v_l t)$ 与 $G_3(x + v_l t)$ 的表达式分别和式（4-33）、式（4-34）一致。

2. 左侧阻尼-弹簧边界的退化

1)$k = 0, \eta \neq 0$

当 $k = 0$ 且 $\eta \neq 0$ 时,即 $\alpha = 0$,阻尼-弹簧边界则退化为阻尼边界,各行波表达式为

$$
\begin{cases}
F_2\left(x - v_r t\right) = \left(F_1(0) + \beta \dfrac{v_r}{v_l} G_1(0)\right) - \beta \dfrac{v_r}{v_l} G_1\left(-\dfrac{v_l}{v_r}\left(x - v_r t\right)\right) \\[3mm]
F_3\left(x - v_r t\right) = \left(F_2\left(-v_r t_b\right) + \beta \dfrac{v_r}{v_l} G_2\left(v_l t_b\right)\right) - \beta \dfrac{v_r}{v_l} G_2\left(-\dfrac{v_l}{v_r}\left(x - v_r t\right)\right)
\end{cases}
\tag{4-42}
$$

$G_2\left(x + v_l t\right)$ 与 $G_3\left(x + v_l t\right)$ 的表达式分别和式(4-33)、式(4-34)一致。

2)$k \neq 0, \eta = 0$

当 $\eta = 0$ 且 $k \neq 0$ 时,即 $\beta = -1$,阻尼-弹簧边界则退化为弹簧边界,各行波表达式为

$$
\begin{cases}
\begin{aligned}
F_2\left(x - v_r t\right) = {} & \left(F_1(0) - \dfrac{v_r}{v_l} G_1(0)\right) e^{\alpha(x - v_r t)} + \dfrac{v_r}{v_l} G_1\left(-\dfrac{v_l}{v_r}\left(x - v_r t\right)\right) \\[2mm]
& + \dfrac{2\alpha c}{v_l} e^{\alpha(x - v_r t)} \int_0^{x - v_r t} G_1\left(-\dfrac{v_l}{v_r} s\right) e^{-\alpha s} \, ds
\end{aligned} \\[6mm]
\begin{aligned}
F_3\left(x - v_r t\right) = {} & \left(F_2\left(-v_r t_b\right) - \dfrac{v_r}{v_l} G_2\left(v_l t_b\right)\right) e^{\alpha(x - v_r t)} + \dfrac{v_r}{v_l} G_2\left(-\dfrac{v_l}{v_r}\left(x - v_r t\right)\right) \\[2mm]
& + \dfrac{2\alpha c}{v_l} e^{\alpha(x - v_r t)} \int_{-v_r t_b}^{x - v_l t} G_2\left(-\dfrac{v_l}{v_r} s\right) e^{-\alpha s} \, ds
\end{aligned}
\end{cases}
$$

$$\tag{4-43}$$

$G_2\left(x + v_l t\right)$ 和 $G_3\left(x + v_l t\right)$ 的表达式分别与式(4-33)和式(4-34)一致。

3)$k = 0$ 且 $\eta = 0$

当 $k = 0$ 且 $\eta = 0$ 时,即 $\alpha = 0$ 且 $\beta = -1$,阻尼-弹簧边界则退化为自由边界,各行波表达式为

$$
\begin{cases}
F_2\left(x - v_r t\right) = \left(F_1(0) - \dfrac{v_r}{v_l} G_1(0)\right) + \dfrac{v_r}{v_l} G_1\left(-\dfrac{v_l}{v_r}\left(x - v_r t\right)\right) \\[3mm]
F_3\left(x - v_r t\right) = \left(F_2\left(-v_r t_b\right) - \dfrac{v_r}{v_l} G_2\left(v_l t_b\right)\right) + \dfrac{v_r}{v_l} G_2\left(-\dfrac{v_l}{v_r}\left(x - v_r t\right)\right)
\end{cases}
\tag{4-44}
$$

$G_2\left(x + v_l t\right)$ 与 $G_3\left(x + v_l t\right)$ 的表达式分别和式(4-32)、式(4-33)一致。

4.2.3　质量-阻尼-弹簧及固定边界

图4-8为质量-阻尼-弹簧及固定边界的轴向移动绳简化模型,其中运动方程

由式(2-18)给出,边界条件可由式(2-20)变化得到。将通解式(4-1)代入边界条件并进行变量代换可得

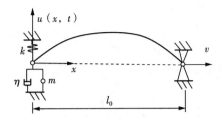

图 4-8　质量-阻尼-弹簧及固定边界的轴向移动绳简化模型

$$G(l_0 + v_l t) = -F(l_0 - v_r t) \tag{4-45}$$

或

$$G(r) = -F\left(\frac{2cl_0}{v_l} - \frac{v_r}{v_l} r\right) \tag{4-46}$$

$$F''(s) + 2\alpha\beta F'(s) + \alpha^2 F(s) = R\left(-\frac{v_l}{v_r} s\right) \tag{4-47}$$

其中,$R\left(-\dfrac{v_l}{v_r} s\right) = -\dfrac{v_l^2}{v_r^2} G''\left(-\dfrac{v_l}{v_r} s\right) - \dfrac{P + \eta v_l}{m v_r^2} G'\left(-\dfrac{v_l}{v_r} s\right) - \dfrac{k}{m v_r^2} G\left(-\dfrac{v_l}{v_r} s\right)$,$s = -v_r t$,$\alpha = \sqrt{\dfrac{k}{m v_r^2}}$,$\beta = \dfrac{P - v_r \eta}{2 v_r \sqrt{mk}}$。式(4-47)的特征方程为

$$\mu^2 + 2\alpha\beta\mu + \alpha^2 = 0 \tag{4-48}$$

解之得

$$\mu_{1,2} = \begin{cases} \alpha(-\beta \pm \sqrt{\beta^2 - 1}), & \beta > 1 \\ -\alpha\beta, & \beta = 1 \\ \alpha(-\beta \pm i\sqrt{1 - \beta^2}), & \beta < 1 \end{cases} \tag{4-49}$$

当 $\beta = 1$ 时,即要求 m,k,η 满足 $\dfrac{P - v_r \eta}{2 v_r \sqrt{mk}} = 1$,这在工程中要求非常苛刻,因此可以不考虑,以下计算仅考虑 $\beta > 1$ 及 $\beta < 1$ 的情况,此时,μ_1 等于右边表达式取正号的值,μ_2 等于右边表达式取负号的值。

式(4-47)的解为

$$F(s) = C_1 e^{\mu_1 s} + C_2 e^{\mu_2 s} + \frac{1}{\mu_2 - \mu_1}\left[e^{\mu_2 s}\int_{s_1}^{s} e^{-\mu_2 n} R\left(-\frac{v_l}{v_r} n\right) dn - e^{\mu_1 s}\int_{s_1}^{s} e^{-\mu_1 n} R\left(-\frac{v_l}{v_r} n\right) dn\right]$$

$$\tag{4-50}$$

由 4.1.3 小节可知，在左边界处，右行波 F 由左行波 G 反射而来，但要分情况讨论。当 $0 < t < t_b$ 时，左行波 G_1 在左边界处反射产生右行波 F_2；当 $t_b < t < T_0$ 时，左行波 G_2 在左边界处反射产生右行波 F_3。

1. 求解 F_2

当 $0 < t < t_b$ 时，式（4-50）中 s_1 不妨取 0，然后只要确定了式（4-50）中 C_1 和 C_2 的值即可，F_2 的初始时刻值根据连续性条件可得

$$F_2(0) = F_1(0) \tag{4-51}$$

$$F'_2(0) = F'_1(0) \tag{4-52}$$

将式（4-50）代入式（4-51）和式（4-52）可得

$$\begin{cases} C_1 = \dfrac{-\mu_2 F_1(0) + F'_1(0)}{\mu_1 - \mu_2} \\[3mm] C_2 = \dfrac{\mu_1 F_1(0) + F'_1(0)}{\mu_1 - \mu_2} \end{cases} \tag{4-53}$$

所以

$$F_2(s) = \frac{-\mu_2 F_1(0) + F'_1(0)}{\mu_1 - \mu_2} \mathrm{e}^{\mu_1 s} + \frac{\mu_1 F_1(0) + F'_1(0)}{\mu_1 - \mu_2} \mathrm{e}^{\mu_2 s}$$

$$+ \frac{1}{\mu_1 - \mu_2} \left[\mathrm{e}^{\mu_2 s} \int_0^s \mathrm{e}^{-\mu_2 n} R_1\left(-\frac{v_l}{v_r}n\right) \mathrm{d}n - \mathrm{e}^{\mu_1 s} \int_0^s \mathrm{e}^{-\mu_1 n} R_1\left(-\frac{v_l}{v_r}n\right) \mathrm{d}n \right] \tag{4-54}$$

这里 $R_1\left(-\dfrac{v_l}{v_r}n\right) = \dfrac{v_l^2}{v_r^2} G''_1\left(-\dfrac{v_l}{v_r}n\right) + \dfrac{\rho vc - P - \eta v_r}{m v_r^2} G'\left(-\dfrac{v_l}{v_r}n\right) - \dfrac{k}{m v_r^2} G_1\left(-\dfrac{v_l}{v_r}n\right)$。

易求得 G_2：

$$G_2(r) = -F_1\left(\frac{2cl_0}{v_l} - \frac{v_r}{v_l}r\right) \tag{4-55}$$

2. 求解 F_3

当 $t_b < t < T_0$ 时，式（4-50）中 s_1 不妨取 $-v_r t_b$，F_3 在 t_b 时刻值根据连续性条件可得

$$F_3(-v_r t_b) = F_2(-v_r t_b) \tag{4-56}$$

$$F'_3(-v_r t_b) = F'_2(-v_r t_b) \tag{4-57}$$

同样将式（4-50）代入式（4-56）和式（4-57）可得

$$\begin{cases} C_1 = \dfrac{-\mu_2 F_2(-v_r t_b) + F'_2(-v_r t_b)}{\mu_1 - \mu_2} e^{v_r t_b \mu_1} \\[3mm] C_2 = \dfrac{\mu_1 F_2(-v_r t_b) + F'_2(-v_r t_b)}{\mu_1 - \mu_2} e^{v_r t_b \mu_2} \end{cases} \qquad (4-58)$$

这里

$$F_2(-v_r t_b) = \frac{-\mu_2 F_1(0) + F'_1(0)}{\mu_1 - \mu_2} e^{\mu_1(-v_r t_b)} + \frac{\mu_1 F_1(0) - F'_1(0)}{\mu_1 - \mu_2} e^{\mu_2(-v_r t_b)}$$

$$+ \frac{1}{\mu_2 - \mu_1} \left[\begin{array}{l} e^{\mu_2(-v_r t_b)} \displaystyle\int_0^{(-v_r t_b)} e^{-\mu_2 n} R_1\left(-\dfrac{v_l}{v_r} n\right) dn - e^{\mu_1(-v_r t_b)} \\[3mm] \displaystyle\int_0^{(-v_r t_b)} e^{-\mu_1 n} R_1\left(-\dfrac{v_l}{v_r} n\right) dn \end{array} \right] \qquad (4-59)$$

$$F'_2(-v_r t_b) = \frac{-\mu_2 F_1(0) - F'_1(0)}{\mu_1 - \mu_2} \mu_1 e^{\mu_1(-v_r t_b)} + \frac{\mu_1 F_1(0) - F'_1(0)}{\mu_1 - \mu_2} \mu_2 e^{\mu_2(-v_r t_b)}$$

$$+ \frac{1}{\mu_2 - \mu_1} \left[\begin{array}{l} \mu_2 e^{\mu_2(-v_r t_b)} \displaystyle\int_0^{(-v_r t_b)} e^{-\mu_2 n} R_1\left(-\dfrac{v_l}{v_r} n\right) dn - \mu_1 e^{\mu_1(-v_r t_b)} \\[3mm] \displaystyle\int_0^{(-v_r t_b)} e^{-\mu_1 n} R_1\left(-\dfrac{v_l}{v_r} n\right) dn \end{array} \right]$$

$$(4-60)$$

所以

$$F_3(s) = \frac{-\mu_2 F_1(-v_r t_b) + F'_1(-v_r t_b)}{\mu_1 - \mu_2} e^{\mu_1(s+v_r t_b)} + \frac{\mu_1 F_2(-v_r t_b) + F'_2(-v_r t_b)}{\mu_1 - \mu_2}$$

$$e^{\mu_2(s+v_r t_b)} + \frac{1}{\mu_2 - \mu_1} \left[e^{\mu_1 s} \int_{-v_r t_b}^s e^{-\mu_2 n} R_2\left(-\frac{v_l}{v_r} n\right) dn - e^{\mu_1 s} \int_{-v_r t_b}^s e^{-\mu_1 n} R_2\left(-\frac{v_l}{v_r} n\right) dn \right]$$

$$(4-61)$$

这里 $R_2\left(-\dfrac{v_l}{v_r} n\right) = -\dfrac{v_l^2}{v_r^2} G''_2 \dfrac{\rho v c - P - \eta v_l}{m v_r^2} G'_2\left(-\dfrac{v_l}{v_r} n\right) - \dfrac{k}{m v_r^2} G_2\left(-\dfrac{v_l}{v_r} n\right) =$

$F''_1\left(\dfrac{2cl_0}{v_l} + n\right) + \dfrac{v_r}{v_l} \times \dfrac{\rho v c - P - \eta v_l}{m v_r^2} F'_1\left(\dfrac{2cl_0}{v_l} + n\right) + \dfrac{k}{m v_r^2} F_1 \dfrac{2cl_0}{v_l + n}$。

根据式(4-54)和式(4-46)可得 G_3:

$$G_3(s) = \frac{\mu_2 F_1(0) - F'_1(0)}{\mu_1 - \mu_2} e^{\mu_1\left(\frac{2cl_0}{v_l} - \frac{v_r}{v_l} s\right)} - \frac{\mu_1 F_1(0) + F'_1(0)}{\mu_1 - \mu_2} e^{\mu_2\left(\frac{2cl_0}{v_l} - \frac{v_r}{v_l} s\right)}$$

$$+\frac{1}{\mu_2-\mu_1}\left[\begin{array}{l}\mathrm{e}^{\mu_2\left(\frac{2d_0}{v_l}-\frac{v_r}{v_l}s\right)}\int_0^{\left(\frac{2d_0}{v_l}-\frac{v_r}{v_l}s\right)}\mathrm{e}^{-\mu_2 n}R_1\left(-\frac{v_l}{v_r}n\right)\mathrm{d}n-\mathrm{e}^{\mu_1\left(\frac{2d_0}{v_l}-\frac{v_r}{v_l}s\right)}\\ \int_0^{\left(\frac{2d_0}{v_l}-\frac{v_r}{v_l}s\right)}\mathrm{e}^{-\mu_1 n}R_1\left(-\frac{v_l}{v_r}n\right)\mathrm{d}n\end{array}\right]$$

$$(4-62)$$

　　带有质量的边界条件，使得边界反射方程变为二阶微分方程，相较 4.2.1 小节中一阶微分方程更加复杂。

4.2.4　自由及质量-阻尼-弹簧边界

　　图 4-9 为自由及质量-阻尼-弹簧边界的轴向移动绳简化模型，其中运动方程为式(2-18)，边界条件可由表 2-1 得到，由于左边界为自由边界，各右行波 $F_2(x-v,t)$、$F_3(x-v,t)$ 与式(4-44)一致，将通解式(4-1)代入右侧边界条件并进行变量代换可得

$$G''(s)+2\alpha\beta G'(s)+\alpha^2 G(s)=R(s) \qquad (4-63)$$

其中，$\alpha=\sqrt{\dfrac{k}{mv_l{}^2}}$，$\beta=\dfrac{\eta v_l+P}{2v_l\sqrt{mk}}$，$s=l_0+v_lt$，

$$R(s)=F''\left(\frac{2d_0-v_rs}{v_l}\right)\left(-\frac{v_r{}^2}{v_l{}^2}\right)+F'\left(\frac{2d_0-v_rs}{v_l}\right)\left(\frac{\eta v_r-P}{mv_l{}^2}\right)+F\left(\frac{2d_0-v_rs}{v_l}\right)\left(\frac{-k}{mv_l{}^2}\right)$$

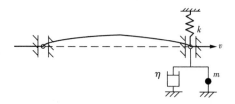

图 4-9　自由及质量-阻尼-弹簧边界的轴向移动绳简化模型

式(4-63)的特征方程为

$$\mu^2+2\alpha\beta\mu+\alpha^2=0 \qquad (4-64)$$

解之得

$$\mu_{1,2}=\begin{cases}\alpha\left(-\beta\pm\sqrt{\beta^2-1}\right), & \beta>1\\ -\alpha\beta, & \beta=1\\ \alpha\left(-\beta\pm i\sqrt{1-\beta^2}\right), & \beta<1\end{cases} \qquad (4-65)$$

μ_1 和 μ_2 取值与式(4-49)相同,同样道理,以下仅考虑 $\beta>1$ 及 $\beta<1$ 的情况。

方程(4-63)的解为

$$G(s)=\frac{\int_a^s (e^{\mu_2(s-x)}-e^{\mu_1(s-x)})R(x)\mathrm{d}x}{\mu_2-\mu_1}+C_3 e^{\mu_1 s}+C_4 e^{\mu_2 s} \qquad (4-66)$$

a 为某一常数。

由4.1.3小节可知,在右边界处,左行波 G 由右行波 F 反射而来,但要分情况讨论。$0<t<t_a$ 时,右行波 F_1 在右边界处反射产生左行波 G_2;$t_a<t<T_0$ 时,右行波 F_2 在右边界处反射产生左行波 G_3。

1. 求解 G_2

当 $0<t<t_a$ 时,式(4-66)中 a 不妨取0,然后只要确定了式(4-66)中 C_3 和 C_4 的值即可,G_2 的初始值根据连续性条件可得

$$G_2(l_0)=G_1(l_0) \qquad (4-67)$$

$$G'_2(l_0)=G'_1(l_0) \qquad (4-68)$$

将式(4-66)代入式(4-67)和式(4-68)可得

$$\begin{cases} C_3=\dfrac{G_1'(l_0)-\mu_2 G_1(l_0)}{e^{\mu_1 l_0}(\mu_1-\mu_2)} \\ C_4=\dfrac{G_1'(l_0)-\mu_1 G_1(l_0)}{e^{\mu_2 l_0}(\mu_2-\mu_1)} \end{cases} \qquad (4-69)$$

所以

$$G_2(s)=\frac{\int_{l_0}^s [e^{\mu_2(s-x)}-e^{\mu_1(s-x)}]R_1(x)\mathrm{d}x}{\mu_2-\mu_1}+C_3 e^{\mu_1 s}+C_4 e^{\mu_2 s} \qquad (4-70)$$

这里 $R_1(x)=-\dfrac{v_r^2}{v_l^2}F_1''\left(\dfrac{2d_0-v_r x}{v_l}\right)+\dfrac{\eta v_r-P}{mv_l^2}F_1'\left(\dfrac{2d_0-v_r x}{v_l}\right)-\dfrac{k}{mv_l^2}F_1\left(\dfrac{2d_0-v_r x}{v_l}\right)$。

2. 求解 G_3

当 $t_a<t<T_0$ 时,式(4-66)中 a 不妨取 $l_0+v_l t_a$,G_3 在 t_a 时刻值根据连续性条件可得

$$G_3(l_0+v_l t_a)=G_2(l_0+v_l t_a) \qquad (4-71)$$

$$G'_3(l_0+v_l t_a)=G'_2(l_0+v_l t_a) \qquad (4-72)$$

同样将式(4-66)代入式(4-71)和式(4-72)可得

$$\begin{cases} C_3 = \dfrac{G_2{}'(l_0 + v_l t_a)}{\mathrm{e}^{\mu_1(l_0 + v_l t_a)}(\mu_1 - \mu_2)} - \dfrac{\mu_2 G_2(l_0 + v_l t_a)}{\mathrm{e}^{\mu_1(l_0 + v_l t_a)}(\mu_1 - \mu_2)} \\[3mm] C_4 = \dfrac{G_2{}'(l_0 + v_l t_a)}{\mathrm{e}^{\mu_2(l_0 + v_l t_a)}(\mu_2 - \mu_1)} - \dfrac{\mu_1 G_2(l_0 + v_l t_a)}{\mathrm{e}^{\mu_2(l_0 + v_l t_a)}(\mu_2 - \mu_1)} \end{cases} \tag{4-73}$$

所以

$$G_3(s) = \frac{\displaystyle\int_{l_0 + v_l t_a}^{s} \left[\mathrm{e}^{\mu_2(s-x)} - \mathrm{e}^{\mu_1(s-x)} \right] R_2(x)\,\mathrm{d}x}{\mu_2 - \mu_1} + C_3 \mathrm{e}^{\mu_1 s} + C_4 \mathrm{e}^{\mu_2 s} \tag{4-74}$$

这里 $R_2(x) = -\dfrac{v_r{}^2}{v_l{}^2} F_2''\left(\dfrac{2d_0 - v_r x}{v_l}\right) + \dfrac{\eta v_r - P}{m v_l{}^2} F_2'\left(\dfrac{2d_0 - v_r x}{v_l}\right) - \dfrac{k}{m v_l{}^2} F_2\left(\dfrac{2d_0 - v_r x}{v_l}\right)$。

4.2.5　阻尼-阻尼边界

对于如图 4-10 所示阻尼-阻尼边界轴向绳移系统,基于广义哈密顿原理,可得该系统的运动方程及边界条件如式(4-75)～式(4-77)所示:

$$-\rho\left[v_0^2 u_{xx} + 2v_0 u_{xt} + u_{tt} \right] + P u_{xx} = 0, \quad 0 < x < l \tag{4-75}$$

$$P u_x = \eta_0 u_t + 2\rho v_0 (u_t + v_0 u_x), \quad x = 0 \tag{4-76}$$

$$\eta_1 u_t + P u_x = 0, \quad x = l \tag{4-77}$$

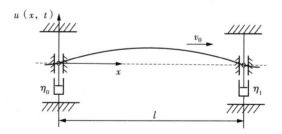

图 4-10　阻尼-阻尼边界轴向移动绳系模型

为了简化计算,基于 Buckingham-Pi 定理对变量进行去量纲化处理,其表达式如(4-78)所示。

$$x \leftrightarrow \frac{x}{l}, u \leftrightarrow \frac{u}{l}, t \leftrightarrow \frac{t}{l}\sqrt{\frac{P}{\rho}}, v_0 \leftrightarrow v_0 \sqrt{\frac{\rho}{P}},$$

$$\eta_0 \leftrightarrow \frac{\eta_0}{\sqrt{\rho P}}, \eta_1 \leftrightarrow \frac{\eta_1}{\sqrt{\rho P}}, E \leftrightarrow \frac{E}{Pl} \tag{4-78}$$

由此,去量纲化的运动方程和双侧边界条件可改写为

$$(v_0^2 - 1)u_{xx} + 2v_0 u_{xt} + u_{tt} = 0, \quad 0 < x < 1 \tag{4-79}$$

$$u_x - \eta_0 u_t = 0, \quad x = 0 \tag{4-80}$$

$$u_x + \eta_1 u_t = 0, \quad x = 1 \tag{4-81}$$

为了简化问题,下面的推导基于无量纲变量,并提出以下假设:(1) 弦模型的截面、张紧力和密度是恒定的;(2) 无量纲轴向平移速度 v_0 应小于波速 $c(c=1)$,即 $v_0 \leqslant 1$;(3) 弦是由线性弹性材料制成。

令 $\beta = \dfrac{\eta_0 v_l - 1}{1 + \eta_0 v_r}$,$\sigma = \dfrac{v_r \eta_1 - 1}{1 + v_l \eta_1}$,其中 $v_l = 1 - v_0$,$v_r = 1 + v_0$。

$t_a = \dfrac{1}{v_r}$,$t_b = \dfrac{1}{v_l}$,$T_0 = t_a + t_b$ 为无量纲的行波反射周期,即式(4-14)的无量纲形式。

基于行波反射叠加法理论,关于图 4-10 所示系统,可得其任意时刻的达朗贝尔解格式运动方程推导如下:

由达朗贝尔方法,$u(x,t)$ 可以写为如式(4-1)所示的右行波 $F(x - v_r t)$ 和左行波 $G(x + v_l t)$ 之和。为简化后续运算,我们令 $\zeta = x - v_r t$,$\tau = x + v_l t$。则 $u(x,t)$ 关于 x 和 t 的偏导数可表示为:

$$\begin{cases} \zeta = x - v_r t, \tau = x + v_l t \\ u_x = F_\zeta + G_\tau \\ u_t = -v_r F_\zeta + v_l G_\tau \end{cases}, \quad 0 < x < 1 \tag{4-82}$$

给定行波初始条件如下,

$$\begin{cases} u(x,0) = \varphi(x) \\ u_t(x,0) = \psi(x) \end{cases}, \quad 0 \leqslant x \leqslant 1 \tag{4-83}$$

将式(4-1)和式(4-82)代入式(4-83),有:

$$\begin{cases} F_1(x - v_r t) = \dfrac{v_l}{2}\varphi(x - v_r t) + \dfrac{1}{2}\displaystyle\int_{x - v_r t}^{1} \psi(s)\mathrm{d}s + C \\ G_1(x + v_l t) = \dfrac{v_r}{2}\varphi(x + v_l t) - \dfrac{1}{2}\displaystyle\int_{x + v_l t}^{1} \psi(s)\mathrm{d}s - C \end{cases} \tag{4-84}$$

由前述 F_1 和 G_1 的传递规律,F_1 和 G_1 的时间范围和位置范围如式(4-85)所示。

$$\begin{cases} F_1:0\leqslant t\leqslant t_a, v_r t\leqslant x\leqslant 1 \\ G_1:0\leqslant t\leqslant t_b, 0\leqslant x\leqslant 1-v_l t \end{cases} \tag{4-85}$$

F_2 由 G_1 在左边界 $(x=0)$ 处反射得到, 将式(4-82)代入(4-80), 得:

$$F_{2,\zeta}=\beta G_{1,\tau} \tag{4-86}$$

$$\beta=\frac{\eta_0 v_l-1}{1+\eta_0 v_r} \tag{4-87}$$

经过积分和 4.1.2 节的边界连续性条件, 可得:

$$F_2(x-v_r t)=F_1(0)+\frac{v_r}{v_l}\beta G_1(0)-\frac{v_r}{v_l}\beta G_1\left(-\frac{v_l}{v_r}(x-v_r t)\right) \tag{4-88}$$

类似地, 将式(4-82)代入式(4-81)可得

$$G_2(x+v_l t)=G_1(1)+\frac{v_l}{v_r}\sigma F_1\left(\frac{2-v_r}{v_l}\right)-\frac{v_l}{v_r}\sigma F_1\left(\frac{2-v_r(x+v_l t)}{v_l}\right) \tag{4-89}$$

$$\sigma=\frac{v_r\eta_1-1}{1+v_l\eta_1} \tag{4-90}$$

由 F_2 和 G_2 的传递规律, 得到 F_2 和 G_2 的 t 和 x 的范围如下:

$$F_2\begin{cases} 0\leqslant t\leqslant t_a:0\leqslant x\leqslant v_r t \\ t_a\leqslant t\leqslant t_b:0\leqslant x\leqslant 1 \\ t_b\leqslant t\leqslant T_0:v_r(t-t_b)\leqslant x\leqslant 1 \end{cases} \tag{4-91}$$

$$G_2\begin{cases} 0\leqslant t\leqslant t_a:1-v_l t\leqslant x\leqslant 1 \\ t_a\leqslant t\leqslant t_b:1-v_l t\leqslant x\leqslant 1-v_l(t-t_a) \\ t_b\leqslant t\leqslant T_0:0\leqslant x\leqslant 1-v_l(t-t_a) \end{cases} \tag{4-92}$$

由连续性条件, 可写出 F_3 和 G_3 表达式如下:

$$F_3(\zeta)=F_2(-v_r t_b)+\frac{v_r}{v_l}\beta G_2(v_l t_b)-\frac{v_r}{v_l}\beta G_2\left(-\frac{v_l}{v_r}(x-v_r t)\right) \tag{4-93}$$

$$G_3(x+v_l t)=G_2(1+v_l t_a)+\frac{v_l}{v_r}\sigma F_2\left(\frac{2-v_r(1+v_l t_a)}{v_l}\right)-\frac{v_l}{v_r}\sigma F_2\left(\frac{2-v_r(x+v_l t)}{v_l}\right) \tag{4-94}$$

其变量 x 和 t 的范围为

$$\begin{cases} F_3 : t_b \leqslant t \leqslant T_0, 0 \leqslant x \leqslant v_r(t-t_b) \\ G_3 : t_a \leqslant t \leqslant T_0, 1-v_l(t-t_a) \leqslant x \leqslant 1 \end{cases} \tag{4-95}$$

针对多周期条件，即 $(n-1) \times T_0 \leqslant t \leqslant n \times T_0$，其行波解的表达式如下：

$$\begin{cases} F_1^{(n)} = F_3^{(n-1)} \\ For\ F_1^{(n)} : (n-1)T_0 \leqslant t \leqslant (n-1)T_0+t_a, v_r(t-(n-1)T_0) \leqslant x \leqslant 1 \end{cases} \tag{4-96}$$

$$\begin{cases} G_1^{(n)} = G_3^{(n-1)} \\ For\ G_1^{(n)} : (n-1)T_0 \leqslant t \leqslant (n-1)T_0+t_b, 0 \leqslant x \leqslant 1-v_l(t-(n-1)T_0) \end{cases}$$

$$\tag{4-97}$$

$$\begin{cases} F_2^{(n)}(x-v_r t) = F_2^{(n)}(-(n-1)T_0 v_r) + \dfrac{v_r}{v_l}\beta G_1^{(n)}((n-1)T_0 v_l) - \dfrac{v_r}{v_l}\beta G_1^{(n)}\left(-\dfrac{v_l}{v_r}(x-v_r t)\right) \\ \\ For\ F_2^{(n)} \begin{cases} (n-1)T_0 \leqslant t \leqslant (n-1)T_0+t_a : 0 \leqslant x \leqslant v_r(t-(n-1)T_0) \\ (n-1)T_0+t_a \leqslant t \leqslant (n-1)T_0+t_b : 0 \leqslant x \leqslant 1 \\ (n-1)T_0+t_b \leqslant t \leqslant nT_0 : v_r(t-(n-1)T_0-t_b) \leqslant x \leqslant 1 \end{cases} \end{cases}$$

$$\tag{4-98}$$

$$\begin{cases} F_3^{(n)}(x-v_r t) = F_3^{(n)}\{-v_r[(n-1)T_0+t_b]\} + \dfrac{v_r}{v_l}\beta G_2^{(n)}\{v_l[(n-1)T_0+t_b]\} \\ \\ \qquad\qquad - \dfrac{v_r}{v_l}\beta G_2^{(n)}\left(-\dfrac{v_l}{v_r}(x-v_r t)\right) \\ \\ For\ F_3^{(n)} : (n-1)T_0+t_b \leqslant t \leqslant nT_0 : 0 \leqslant x \leqslant v_r(t-(n-1)T_0-t_b) \end{cases} \tag{4-99}$$

$$\begin{cases} G_2^{(n)}(x+v_l t) = G_2^{(n)}(1+v_l(n-1)T_0) + \dfrac{v_l}{v_r}\sigma F_1^{(n)}\left(\dfrac{2-v_r(1+v_l(n-1)T_0)}{v_l}\right) \\ \\ \qquad - \dfrac{v_l}{v_r}\sigma F_1^{(n)}\left(\dfrac{2-v_r(x+v_l t)}{v_l}\right) \\ \\ For\ G_2^{(n)} \begin{cases} (n-1)T_0 \leqslant t \leqslant t_a+(n-1)T_0, 1-v_l(t-(n-1)T_0) \leqslant x \leqslant 1 \\ (n-1)T_0+t_a \leqslant t \leqslant (n-1)T_0+t_b, 1-v_l(t-(n-1)T_0) \\ \qquad \leqslant x \leqslant 1-v_l(t-(n-1)T_0-t_a) \\ (n-1)T_0+t_b \leqslant t \leqslant nT_0, 0 \leqslant x \leqslant 1-v_l(t-(n-1)T_0-t_a) \end{cases} \end{cases}$$

$$\tag{4-100}$$

$$\begin{cases} G_3^{(n)}(x+v_lt) = G_3^{(n)}(1+v_l(t_a+(n-1)T_0)) + \\ \dfrac{v_l}{v_r}\sigma F_2^{(n)}\left(\dfrac{2-v_r(1+v_l(t_a+(n-1)T_0))}{v_l}\right) - \dfrac{v_l}{v_r}\sigma F_2^{(n)}\left(\dfrac{2-v_r(x+v_lt)}{v_l}\right) \\ For\ G_3^{(n)}:(n-1)T_0+t_a \leqslant t \leqslant nT_0:1-v_l(t-(n-1)T_0-t_a)\leqslant x \leqslant 1 \end{cases}$$

$$(4-101)$$

其中,上标的括号内的数字表示的是行波周期数,相应的自变量范围也给出。

4.3　多周期行波反射叠加法

以固定-阻尼边界为例,将单周期行波解拓展到多周期。令 4.2.1 小节中的 $\alpha=0$ 可得第一个周期的行波解

$$G_2(x+v_lt) = G_1(l_0) + \beta\frac{v_l}{v_r}F_1(l_0) - \beta\frac{v_l}{v_r}F_1\left(\frac{2cl_0}{v_l}-\frac{v_r}{v_l}(x+v_lt)\right) \qquad (4-102)$$

$$F_2(x-v_rt) = -G_1\left(-\frac{v_l}{v_r}(x-v_rt)\right) \qquad (4-103)$$

$$G_3(x+v_lt) = G_2(l_0+v_lt_a) + \beta\frac{v_l}{v_r}F_1(l_0-v_lt_a) - \beta\frac{v_l}{v_r}F_2\left(\frac{2cl_0}{v_l}-\frac{v_r}{v_l}(x+v_lt)\right) \qquad (4-104)$$

$$F_3(x-v_rt) = -G_2(l_0) - \beta\frac{v_l}{v_r}F_1(l_0) + \beta\frac{v_l}{v_r}F_1\left(\frac{2cl_0}{v_l}+x-v_rt\right) \qquad (4-105)$$

类比第一个周期,第 n 个周期的行波解为

$$G_2^n(x+v_lt) = G_1^n(l_0) + \beta\frac{v_l}{v_r}F_1^n(l_0) - \beta\frac{v_l}{v_r}F_1^n\left(\frac{2cl_0}{v_l}-\frac{v_r}{v_l}(x+v_lt)\right) \qquad (4-106)$$

$$F_2^n(x-v_rt) = -G_1^n\left(-\frac{v_l}{v_r}(x-v_rt)\right) \qquad (4-107)$$

$$G_3^n(x+v_lt) = G_2^n(l_0+v_lt_a) + \beta\frac{v_l}{v_r}F_2^n(l_0-v_lt_a) - \beta\frac{v_l}{v_r}F_2^n\left(\frac{2cl_0}{v_l}-\frac{v_r}{v_l}(x+v_lt)\right) \qquad (4-108)$$

$$F_3^n(x - v_r t) = -G_2^n(l_0) - \beta \frac{v_l}{v_r} F_1^n(l_0) + \beta \frac{v_l}{v_r} F_1^n\left(\frac{2cl_0}{v_l} + x - v_r t\right)$$

$$(4 - 109)$$

其中，$F_i^n(x - v_r t)$ 和 $G_i^n(x + v_l t)$ $(i = 1, 2, 3)$ 代表第 n 个周期的右行波和左行波。

左行波（或右行波）在两个相邻周期的关系为

$$F_3^n(x - n v_r T_0) = F_1^{n+1}(x - n v_r T_0) \text{ 或 } F_3^n = F_1^{n+1} \qquad (4 - 110)$$

$$G_3^n(x + n v_r T_0) = G_1^{n+1}(x + n v_r T_0) \text{ 或 } G_3^n = G_1^{n+1} \qquad (4 - 111)$$

结合式（4 - 106）～ 式（4 - 111），根据递推关系可得

$$F_1^n(x - v_r t) = -\sum_{j=1}^{n-1} \left(\beta \frac{v_l}{v_r}\right)^{n-j-1} G_2^j(l_0 + v_l(j-1)T_0) - \sum_{j=1}^{n-1} \left(\beta \frac{v_l}{v_r}\right)^{n-j}$$

$$F_1^j(l_0 - v_r(j-1)T_0) + \left(\beta \frac{v_l}{v_r}\right)^{n-1} F_1^1\left((n-1)\frac{2cl_0}{v_l} + x - v_r t\right)$$

$$(4 - 112)$$

$$G_1^n(x + v_l t) = \sum_{j=1}^{n-1} \left(\beta \frac{v_l}{v_r}\right)^{n-j-1} G_3^j(l_0 + v_l(t_a + (j-1)T_0)) + \sum_{j=1}^{n-1} \left(\beta \frac{v_l}{v_r}\right)^{n-j} F_2^j$$

$$(l_0 - v_r[t_a + (j-1)T_0]) + \left(\beta \frac{v_l}{v_r}\right)^{n-1} G_1^1\left[-(n-1)\frac{2cl_0}{v_r} + x + v_l t\right]$$

$$(4 - 113)$$

$$F_2^n(x - v_r t) = -\sum_{j=1}^{n-1} \left(\beta \frac{v_l}{v_r}\right)^{n-j-1} G_3^j\{l_0 + v_l[t_a + (j-1)T_0]\} - \sum_{j=1}^{n-1} \left(\beta \frac{v_l}{v_r}\right)^{n-j}$$

$$F_2^j\{l_0 - v_r[t_a + (j-1)T_0]\} - \left(\beta \frac{v_l}{v_r}\right)^{n-1} G_1^1\left[-(n-1)\frac{2cl_0}{v_r} - \frac{v_l}{v_r}(x - v_r t)\right]$$

$$(4 - 114)$$

$$G_2^n(x + v_l t) = \sum_{j=1}^{n} \left(\beta \frac{v_l}{v_r}\right)^{n-j} G_2^j[l_0 + v_l(j-1)T_0] + \sum_{j=1}^{n} \left(\beta \frac{v_l}{v_r}\right)^{n-j+1}$$

$$F_1^j[l_0 - v_r(j-1)T_0] - \left(\beta \frac{v_l}{v_r}\right)^{n} F_1^1\left[n\frac{2cl_0}{v_r} - \frac{v_l}{v_r}(x + v_l t)\right] \quad (4 - 115)$$

$$F_3^n(x - v_r t) = -\sum_{j=1}^{n} \left(\beta \frac{v_l}{v_r}\right)^{n-j} G_2^j[l_0 + v_l(j-1)T_0] - \sum_{j=1}^{n} \left(\beta \frac{v_l}{v_r}\right)^{n-j+1}$$

$$F_1^j\left[l_0 - v_r(j-1)T_0\right] + \left(\beta\frac{v_l}{v_r}\right)^n F_1^1\left(n\frac{2cl_0}{v_l} + x - v_l t\right) \tag{4-116}$$

$$G_3^n(x + v_l t) = \sum_{j=1}^n \left(\beta\frac{v_l}{v_r}\right)^{n-j} G_3^j\{l_0 + v_l\left[t_a + (j-1)T_0\right]\} + \sum_{j=1}^n \left(\beta\frac{v_l}{v_r}\right)^{n-j+1}$$

$$F_2^j\{l_0 - v_r\left[t_a + (j-1)T_0\right]\} - \left(\beta\frac{v_l}{v_r}\right)^n G_1^1\left(-n\frac{2cl_0}{v_r} + x + v_l t\right) \tag{4-117}$$

这里为了满足连续性条件，$G_2^j(l_0 + v_l(j-1)T_0) = G_1^j(l_0 + v_l(j-1)T_0)$ 并且
$G_3^j(l_0 + v_l(t_a + (j-1)T_0)) = G_2^j(l_0 + v_l(t_a + (j-1)T_0))$。

下面是多周期固定-阻尼边界的一个算例：

表 4-1 中为已知各参数，其他仿真参数均可由此计算而来。

表 4-1　已知各参数

l_0	ρ	P	v	A_0
3m	0.06kg/m	5N	0.3c	0.01m

已知初始位移 φ 及初始速度 ψ 为

$$\begin{cases} \varphi(x) = \dfrac{16 \times A_0 x^2 (l_0 - x)^2}{l_0^4} \\ \psi(x) = 0 \end{cases} \tag{4-118}$$

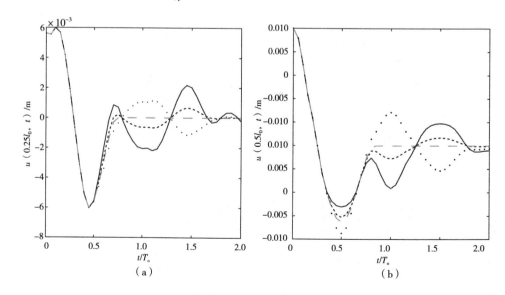

（a）　　　　　　　　　　　　　（b）

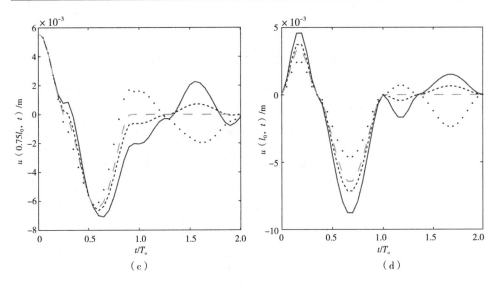

图 4 - 11　固定-阻尼边界条件下的轴向移动绳的自由振动响应

图 4-11 展示了前 2 个周期轴向移动绳的振动响应,图 4-11(a)、(b)、(c) 和(d)
分别为在固定坐标 $x = 0.25\ l_0$,$0.5\ l_0$,$0.75\ l_0$ 和 l_0 处的横向位移响应,其中,
——表示 $\eta = 0.1\mathrm{Ns/m}$,------------表示 $\eta = 0.3\mathrm{Ns/m}$,— — —表示
$\eta = 0.4213\mathrm{Ns/m}$,·····表示 $\eta = 0.7\mathrm{Ns/m}$。由此看出,并不是阻尼越大越好,而
是存在一个最优阻尼值 $0.4213\mathrm{Ns/m}$,当 $\beta = 0$ 时求得最优阻尼值

$$\eta_{\mathrm{opt}} = \frac{P}{v_r} = \frac{\rho c^2}{c + v} \qquad (4-119)$$

4.4　边 界 控 制

4.4.1　单侧边界最优阻尼控制

从以上小节可以知道阻尼边界存在一个最优阻尼值,因此可以通过边界主动
控制来抑制轴向移动绳系统的横向振动。工程实际应用中,边界控制具有简单、实
用的优点,在右侧边界处安装传感器、控制器和执行器,传感器用于获取边界处的
位移、速度等参数,执行器根据传感器获取的数据进行力控制。现在以图 4 - 12 为
例,当执行器的控制力满足

$$f(t) = m u_{tt}(l_0,t) + k u(l_0,t) + (\eta - \eta_{opt}) u_t(l_0,t) \qquad (4-120)$$

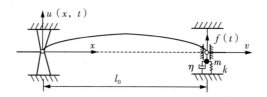

图 4-12   具有质量-阻尼-弹簧边界的轴向移动绳系统

时,控制力抵消了边界质量、弹簧刚度的影响,调整边界阻尼到最优值,此时,右边界条件为

$$\eta_{opt} u_t(l_0,t) + P u_x(l_0,t) = 0 \tag{4-121}$$

右边界行波反射方程为

$$G'(l_0 + v_l t) = 0 \tag{4-122}$$

这时右边界的反射波没有横向振动。仿真结果与图 4-11 中最优阻尼边界的情况一致,因此此处省略仿真结果。

4.4.2   双侧边界最优阻尼控制

为了实现振动控制,基于李亚普诺夫(Lyapunov)第二法,对于图 4-10 的双侧阻尼边界轴向移动绳模型本节提出了一种抑制横向振动的边界控制法。 根据 4.2.5 节无量纲方程,引入辅助函数 $E_{aux}(t)$,移动绳系的李亚普诺夫候选函数可写为:

$$E(t) = E_{string}(t) + E_{aux}(t) = \frac{1}{2}\int_0^1 (u_t + v_0 \cdot u_x)^2 \mathrm{d}x$$

$$+ \frac{1}{2}\int_0^1 u_x^2 \mathrm{d}x + \xi \cdot \int_0^1 x u_x(u_t + v_0 u_x)\mathrm{d}x \tag{4-123}$$

其中,等式右边第一、二项为去量纲化后的绳系能量,即 $E_{string}(t)$,第三项为辅助函数 $E_{aux}(t)$,ξ 为常数。由此,可得下述引理 1。

引理 1:针对式(4-123)所示李亚普诺夫候选函数可证明 $E(t)$ 和 $E_{string}(t)$ 等价,即存在常数 $0 \leqslant \xi \leqslant 1$,使得满足:

$$(1-\xi)E_{string}(t) \leqslant E(t) \leqslant (1+\xi)E_{string}(t) \tag{4-124}$$

证明:由基本不等式,关于 $E_{aux}(t)$ 可改写为

$$E_{aux}(t) = \xi\int_0^1 x u_x(u_t + v_0 u_x)\mathrm{d}x$$

$$\leqslant \xi \cdot \frac{1}{2} \cdot \left(\int_0^1 u_x{}^2 \, \mathrm{d}x + \int_0^1 (u_t + v_0 u_x)^2 \, \mathrm{d}x \right)$$

$$\leqslant \xi \cdot E_{\mathrm{string}}(t) \tag{4-125}$$

因此,式(4-125)可改写为

$$-\xi \cdot E_{\mathrm{string}}(t) \leqslant E_{\mathrm{aux}}(t) \leqslant \xi \cdot E_{\mathrm{string}}(t) \tag{4-126}$$

在不等式两端加上 $E_{\mathrm{string}}(t)$,可得

$$(1-\xi) \cdot E_{\mathrm{string}}(t) \leqslant E(t) \leqslant (1+\xi) \cdot E_{\mathrm{string}}(t) \tag{4-127}$$

当 $0 \leqslant \xi \leqslant 1$ 时,$E(t)$ 满足正定条件,引理 1 得证。因此,原绳系能量 $E_{\mathrm{string}}(t)$ 和李亚普诺夫候选函数 $E(t)$ 有一致的行为,不妨称 $E(t)$ 为系统能量。

轴向移动绳系是一种典型的质量可变系统,质量从两边界出流入、流出。基于雷诺(Reynold)输运定理,绳系能量关于时间的导数表达式可得:

$$\begin{cases} \dfrac{\mathrm{d}E_{\mathrm{string}}}{\mathrm{d}t} = (v_0 \cdot E_{\mathrm{string},x} + E_{\mathrm{string},t}) \left. \right|_{\substack{x=1 \\ x=0}} \\[3mm] \dfrac{\mathrm{d}E_{\mathrm{aux}}}{\mathrm{d}t} = (v_0 \cdot E_{\mathrm{aux},x} + E_{\mathrm{aux},t}) \left. \right|_{\substack{x=1 \\ x=0}} \\[3mm] \dfrac{\mathrm{d}E}{\mathrm{d}t} = (v_0 \cdot E_x + E_t) \left. \right|_{\substack{x=1 \\ x=0}} \end{cases} \tag{4-128}$$

其中,前两项的具体微分表达式可写为

$$\frac{\mathrm{d}}{\mathrm{d}t} E_{\mathrm{string}} = \frac{\mathrm{d}}{\mathrm{d}t} \left[\frac{1}{2} \int_0^1 (u_t + v_0 u_x)^2 \, \mathrm{d}x + \frac{1}{2} \int_0^1 u_x^2 \, \mathrm{d}x \right]$$

$$= \int_0^1 \{ (u_t + v_0 u_x)(u_{tt} + 2v_0 u_{xt} + v_0^2 u_{xx}) + u_x(u_{xt} + v_0 u_{xx}) \} \, \mathrm{d}x$$

$$= \int_0^1 (u_{xx} u_t + 2v_0 u_{xx} u_x + u_x u_{xt}) \, \mathrm{d}x$$

$$= (u_x u_t + v_0 u_x^2) \left. \right|_{\substack{x=1 \\ x=0}} \tag{4-129}$$

$$\frac{\mathrm{d}}{\mathrm{d}t} E_{\mathrm{aux}} = \xi \frac{\mathrm{d}}{\mathrm{d}t} \left\{ \int_0^1 [x u_x (u_t + v_0 u_x)] \, \mathrm{d}x \right\}$$

$$= \xi \int_0^1 [v_0(u_t u_x + x u_x u_{xt} + x u_t u_{xx}) + v_0^2 x u_x u_{xx}$$

$$+ xu_t u_{xt} + xu_x (u_{tt} + 2u_{xt} + v_0^2 u_{xx})\,\big]\,\mathrm{d}x$$

$$=\xi\left\{(v_0 x u_x u_t)\,\Big|\begin{matrix}x=1\\x=0\end{matrix} + \left[\left(x v_0^2\,\frac{u_x^2}{2}\right)\Big|\begin{matrix}x=1\\x=0\end{matrix} - \int_0^1 v_0^2\,\frac{u_x^2}{2}\mathrm{d}x\right]\right.$$

$$\left. + \left[x\,\frac{u_t^2}{2}\Big|\begin{matrix}x=1\\x=0\end{matrix} - \int_0^1 \frac{u_t^2}{2}\mathrm{d}x\right]\right.$$

$$\left. + \left[\left(\frac{x}{2}u_x^2\right)\Big|\begin{matrix}x=1\\x=0\end{matrix} - \int_0^1 \frac{u_x^2}{2}\mathrm{d}x\right] + \int_0^1 v_0^2 u_x^2\,\mathrm{d}x\right\}$$

$$=\xi\left\{v_0 u_x u_t\,\Big|\begin{matrix}x=1\\x=0\end{matrix} + \left[v_0^2\,\frac{u_x^2}{2}\Big|\begin{matrix}x=1\\x=0\end{matrix} - \int_0^1 v_0^2\,\frac{u_x^2}{2}\mathrm{d}x\right]\right.$$

$$\left. + \left[\frac{u_t^2}{2}\Big|\begin{matrix}x=1\\x=0\end{matrix} - \int_0^1 \frac{u_t^2}{2}\mathrm{d}x\right] + \left[\frac{u_x^2}{2}\Big|\begin{matrix}x=1\\x=0\end{matrix} - \int_0^1 \frac{u_x^2}{2}\mathrm{d}x\right] + \int_0^1 v_0^2 u_x^2\,\mathrm{d}x\right\}$$

$$(4-130)$$

由此，$\mathrm{d}E/\mathrm{d}t$ 可写作

$$\frac{\mathrm{d}}{\mathrm{d}t}E = (\xi v_0 + 1)u_x(1,t)u_t(1,t) + (\xi v_0^2 + \xi + 2v_0)\,\frac{u_x^2(1,t)}{2} - u_x(0,t)u_t(0,t)$$

$$- v_0 u_x^2(0,t) + \xi\,\frac{u_t^2(1,t)}{2} + \xi(v_0^2-1)\int_0^1 \frac{u_x^2}{2}\mathrm{d}x - \xi\int_0^1 \frac{u_t^2}{2}\mathrm{d}x \qquad (4-131)$$

为了基于边界控制方法实现系统稳定，提出下述定理：

定理 1　基于式(4-80)和式(4-81)所示边界条件，若 $E(t)$ 被选为 Lyapunov
函数，则相关参数满足下述范围时，系统稳定：

$$\begin{cases}\eta_0 \leqslant -\dfrac{1}{v_0}\ or\ \eta_0 \geqslant -2v_0\ if\ v_0 \leqslant \dfrac{\sqrt{2}}{2} \\[3mm] \eta_0 \leqslant -2v_0\ or\ \eta_0 \geqslant -\dfrac{1}{v_0}\ if\ v_0 \geqslant \dfrac{\sqrt{2}}{2} \\[3mm] \dfrac{1-\sqrt{1-\xi^2}+\xi v_0}{\xi+2v_0+\xi v_0^2} \leqslant \eta_1 \leqslant \dfrac{1+\sqrt{1-\xi^2}+\xi v_0}{\xi+2v_0+\xi v_0^2} \\[3mm] 0 \leqslant \xi \leqslant 1\end{cases} \qquad (4-132)$$

证明：将初始边界条件式(4-80)和式(4-81)代入式(4-131)，消去 $u_x(0,t)$ 和

$u_x(1,t)$ 可得

$$\frac{\mathrm{d}}{\mathrm{d}t}E = \left(\frac{\xi}{2} - (1 + \xi v_0)\eta_1 + \frac{1}{2}(\xi + 2v_0 + \xi v_0^2)\eta_1^2\right)u_t^2(1,t)$$

$$+ \left(\frac{2v_0 + \eta_0}{-1 + 2v_0^2} - \frac{v_0(2v_0 + \eta_0)^2}{(-1 + 2v_0^2)^2}\right)u_t^2(0,t) + (\xi v_0^2 - \xi)\int_0^1 \frac{u_x^2}{2}\mathrm{d}x - \xi\int_0^1 \frac{u_t^2}{2}\mathrm{d}x$$

$$(4-133)$$

基于李亚普诺夫第二法,为使系统稳定,须令 $E(t)$ 导数 $\mathrm{d}E/\mathrm{d}t$ 满足 $\mathrm{d}E/\mathrm{d}t \leqslant 0$。因此,令 $u_t^2(0,t)$ 和 $u_t^2(1,t)$ 的系数小于 0 时,可得如式(4-132)所示的双侧边界的阻尼范围及式(4-134)所示不等式

$$\frac{\mathrm{d}}{\mathrm{d}t}E \leqslant \xi(v_0^2 - 1)\int_0^1 \frac{u_x^2}{2}\mathrm{d}x - \xi\int_0^1 \frac{u_t^2}{2}\mathrm{d}x = -\frac{1}{2}\xi(1 - v_0^2)$$

$$\int_0^1 \frac{u_x^2}{2}\mathrm{d}x - \xi\int_0^1 \frac{u_t^2}{2}\mathrm{d}x - \frac{1}{2}\xi(1 - v_0^2)\int_0^1 \frac{u_x^2}{2}\mathrm{d}x$$

$$\leqslant -\frac{1}{2}\xi(1 - v_0^2)\int_0^1 \frac{u_x^2}{2}\mathrm{d}x - \xi\int_0^1 \frac{u_t^2}{2}\mathrm{d}x - \frac{\xi(1 - v_0^2)}{2v_0^2}\int_0^1 v_0^2\frac{u_x^2}{2}\mathrm{d}x$$

$$\leqslant -\frac{1}{2}\xi(1 - v_0^2)\int_0^1 \frac{u_x^2}{2}\mathrm{d}x - \min\left[\frac{1}{2}\xi, \frac{\xi(1 - v_0^2)}{4v_0^2}\right] \cdot \left(\int_0^1 u_t^2\mathrm{d}x + \int_0^1 v_0^2 u_x^2\mathrm{d}x\right)$$

$$\leqslant -\frac{1}{2}\xi(1 - v_0^2)\int_0^1 \frac{u_x^2}{2}\mathrm{d}x - \min\left[\frac{1}{2}\xi, \frac{\xi(1 - v_0^2)}{4v_0^2}\right] \cdot \frac{1}{2} \cdot \int_0^1 (u_t + v_0 u_x)^2\mathrm{d}x$$

$$\leqslant -\min\left[\frac{1}{2}\xi, \frac{\xi(1 - v_0^2)}{4v_0^2}, \frac{1}{2}\xi(1 - v_0^2)\right]\left[\int_0^1 \frac{1}{2}(u_t + v_0 u_x)^2\mathrm{d}x + \frac{1}{2}\int_0^1 u_x^2\mathrm{d}x\right]$$

$$(4-134)$$

由引理 1,可得

$$\frac{1}{(1 + \xi)}E \leqslant E_{\text{string}} \qquad (4-135)$$

将式(4-135)代入式(4-134)可得

$$\frac{d}{dt}E \leqslant -\min\left(\frac{1}{2}\xi, \frac{\xi(1 - v_0^2)}{4v_0^2}, \frac{1}{2}\xi(1 - v_0^2)\right)\left(\int_0^1 \frac{1}{2}(u_t + v_0 u_x)^2\mathrm{d}x + \frac{1}{2}\int_0^1 u_x^2\mathrm{d}x\right)$$

$$\leqslant -\min\left(\frac{1}{2}\xi,\frac{\xi(1-v_0^2)}{4v_0^2},\frac{1}{2}\xi(1-v_0^2)\right)\frac{1}{1+\xi}E=-\lambda\cdot E \tag{4-136}$$

其中,

$$\lambda=\min\left(\frac{\xi}{2(1+\xi)},\frac{\xi(1-v_0^2)}{4(1+\xi)v_0^2},\frac{\xi(1-v_0^2)}{2(1+\xi)}\right)$$

基于行波反射叠加理论,李亚普诺夫候选函数可改写为

$$E(t)=\int_0^1(1+\xi x)G_\tau^2\mathrm{d}x+\int_0^1(1-\xi x)F_\tau^2\mathrm{d}x \tag{4-137}$$

$(1)(n-1)T_0\leqslant t\leqslant(n-1)T_0+t_a$

$$E(t)=\int_{v_r(t-(n-1)T_0)}^1(1-\xi x)(F_{1,\zeta}^{(n)})^2\mathrm{d}x+\int_0^{v_r(t-(n-1)T_0)}(1-\xi x)(F_{2,\zeta}^{(n)})^2\mathrm{d}x$$
$$+\int_0^{1-v_l(t-(n-1)T_0)}(1+\xi x)(G_{1,\tau}^{(n)})^2\mathrm{d}x+\int_{1-v_l(t-(n-1)T_0)}^1(1+\xi x)(G_{2,\tau}^{(n)})^2\mathrm{d}x \tag{4-138}$$

$(2)(n-1)T_0+t_a\leqslant t\leqslant(n-1)T_0+t_b$

$$E(t)=\int_{v_r(t-(n-1)T_0-t_b)}^1(1-\xi x)(F_{2,\zeta}^{(n)})^2\mathrm{d}x+\int_0^{v_r(t-(n-1)T_0-t_b)}(1-\xi x)(F_{3,\zeta}^{(n)})^2\mathrm{d}x$$
$$+\int_0^{1-v_l(t-(n-1)T_0-t_a)}(1+\xi x)(G_{2,\tau}^{(n)})^2\mathrm{d}x+\int_{1-v_l(t-(n-1)T_0-t_a)}^1(1+\xi x)(G_{3,\tau}^{(n)})^2\mathrm{d}x \tag{4-139}$$

$(3)(n-1)T_0+t_b\leqslant t\leqslant nT_0$

$$E(t)=\int_{v_r(t-(n-1)T_0-t_b)}^1(1-\xi x)(F_{2,\zeta}^{(n)})^2\mathrm{d}x+\int_0^{v_r[t-(n-1)T_0-t_b]}(1-\xi x)(F_{3,\zeta}^{(n)})^2\mathrm{d}x$$
$$+\int_0^{1-v_l[t-(n-1)T_0-t_a]}(1+\xi x)(G_{2,\tau}^{(n)})^2\mathrm{d}x+\int_{1-v_l[t-(n-1)T_0-t_a]}^1(1+\xi x)(G_{3,\tau}^{(n)})^2\mathrm{d}x \tag{4-140}$$

为了使振动快速衰减、能量耗散,式(4-137)～式(4-140)所示反射波的能量皆来自入射波和边界损耗,最理想的情况就是使得入射波的能量在边界反射的过程中被完全消耗。以 F_2 和 F_3 为例,当 $\beta=0$ 时,其反射得到的能量函数值为0。类似地,当 $\sigma=0$ 时,G_2 和 G_3 的能量为0,即反射波消失。由此可得双侧的最优阻尼如下:

$$\begin{cases}\eta_0^{opt}=2-\dfrac{1}{v_l}\\[2mm]\eta_1^{opt}=\dfrac{1}{v_r}\end{cases} \tag{4-141}$$

图 4-13 描绘了在 $x=0.2$, $x=0.4$, $x=0.6$, $x=0.8$ 点处,通过在 $x=1$ 和 $x=0$ 边界处加以被动控制后,在 0 至 $2T_0$ 的振动响应。超出 η_0 和 η_1 中的可行区间的振动响应图中以绿色虚线标示。以图 4-13(a) 为例,在 $t=0.09T_0$ 时,由于左侧边界的反射波不同,在 $x=1$ 的边界控制和超出可行区间时,振动响应开始不同,由蓝色和绿色线条表示。当 G_2 在 $t=0.44T_0$ 时通过 $x=0.2$ 时,$x=0$ 处的边界控制(橙色线条)和两个边界控制(粉色线条)的响应出现分叉。如图 4-13(a) 所示,当 G_2 完全通过这个位置时,G_2 和它的反射波 F_3 将在左侧边界消失,之后 $x=0.2$ 处的响应为 0。类似的情况出现在图 4-13 的其他子图中。此外,如图 4-14 所示,左侧或右侧边界控制的振动响应将在一个 T_0 内被抑制,显然,两个边界的振动抑制控制的效果,在 $0.55T_0$ 内收敛,比单一边界控制的效果要快。

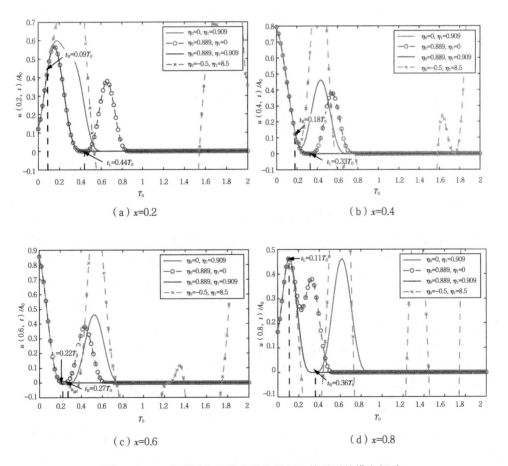

图 4-13　4 种不同位置处 4 种边界阻尼情况下的横向振动

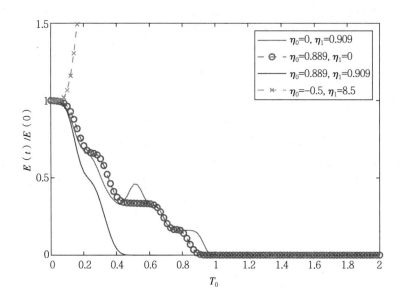

图 4 - 14   不同边界阻尼情况的无量纲能量衰减

4.5   移动绳受迫振动与行波反射-透射耦合

对于一个有限长的轴向移动绳系统,边界外的部分可能会影响到边界内的振动情况,因此应该考虑边界两侧的移动绳的振动的耦合。尽管此问题经常被忽视,仍然有一些研究人员强调耦合问题。耦合振动可以在一些轴向移动绳系统中找到,这些系统的特点是绳系统与离散部件相互作用,例如,轴向移动绳与子系统接触(例如,滑雪缆车和空中索道)、位移约束、力约束甚至更复杂的约束(例如,磁带在读写头上移动,线锯切割硅体)。对于非移动系统、输送流体系统的管道或具有移动边界的系统,边界控制可能是抑制振动的一个好方法。然而,在大多数移动系统的情况下,边界通常是固定的,把控制力放在真正的边界上是不实际的。当力不在边界处时,必须考虑耦合振动。在参考文献[107,108]中,系统被分为两个空间区域,即受控区域和非控制区域,由放置在移动绳系统中某处的横向力执行器来实现。基于李雅普诺夫理论,考虑到非控制区对受控区的影响,提出了不同的主动控制方法。在参考文献[109]中,在热浸镀锌的钢带的某个地方使用了一个电磁执行器,通过传感器收集的数据,实验测试中检验控制策略的可行性。

行波反射叠加法注重于自由振动情况下行波在边界处的反射,但当轴向移动绳系统受到外力作用时,行波在力作用处会发生透射与反射,这时需要在行波反射叠加法的基础上进一步拓展,在同时考虑行波反射与透射的条件下,求解轴向移动绳系统受迫振动的行波解。下面就行波在力作用处的反射与透射问题提供两种振动响应解析解的求解方法:达朗贝尔的方法与强迫波法。

4.5.1　达朗贝尔方法

如图 4-15 所示,一个轴向移动绳系统,两个边界为位移边界约束,$u_1(t)$ 和 $u_2(t)$ 是两个描述边界运动的函数,在位置 a 处受到一个集中力 $f(t)$ 作用。对该受集中载荷的轴向移动绳系统运用哈密顿原理可得到其运动方程为

$$u_{tt} + 2v u_{xt} + (v^2 - c^2)u_{xx} = \frac{\delta(x-a)f(t)}{\rho} \qquad (4-142)$$

或

$$\begin{cases} u_{tt} + 2v u_{xt} + (v^2 - c^2)u_{xx} = 0 \\ (\rho v^2 - P)(u_x(a^-,t) - u_x(a^+,t)) + f(t) = 0 \end{cases} \qquad (4-143)$$

其中,式(4-142)体现整段绳受集中载荷的运动方程,而式(4-143)体现 $f(t)$ 左右两段绳的自由振动方程,$f(t)$ 可看作是两段绳的其中一个边界条件,即式(4-143)的第二式。

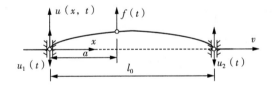

图 4-15　两端位移约束受集中力作用的轴向移动绳系统

边界条件为

$$\begin{cases} u(0,t) = u_1(t) \\ u(l_0,t) = u_2(t) \end{cases} \qquad (4-144)$$

1. 一个行波周期内的解

基于达朗贝尔的方法,振动响应为左右两个行波的叠加,根据力约束的位置将轴向移动绳系统分为两个部分,如图 4-16 所示。

此时运动方程的通解为

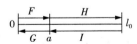

图 4-16　行波在空间上
分为两个区域

$$u(x,t) = F(x - v_r t) + G(x + v_l t) + H(x - v_r t) + I(x + v_l t) \tag{4-145}$$

这里 $F(x - v_r t)$ 和 $H(x - v_r t)$ 是移动速度为 $v_r = c + v$ 的右行波，$G(x + v_l t)$ 和 $I(x + v_l t)$ 是速度为 $v_l = c - v$ 的左行波，需要注意的是行波 F 和 G 定义在空间 0 到 a 之间，并且行波 H 和 I 定义在空间 a 到 l_0 之间。初始横向位移和速度已知为

$$\begin{cases} u(x,0) = \varphi_1(x) \\ u_t(x,0) = \psi_1(x) \end{cases}, 0 \leqslant x \leqslant a, \begin{cases} u(x,0) = \varphi_2(x) \\ u_t(x,0) = \psi_2(x) \end{cases}, a \leqslant x \leqslant l_0 \tag{4-146}$$

在不考虑边界条件的情况下，将通解式（4-145）代入初始条件式（4-146）可以得到行波 F,G,H 和 I 的表达式：

$$\begin{cases} F(x) = \dfrac{v_l}{2c} \varphi_1(x) - \dfrac{1}{2c} \displaystyle\int_{x_1}^{x} \psi_1(\xi) \mathrm{d}\xi \\[4mm] G(x) = \dfrac{v_r}{2c} \varphi_1(x) + \dfrac{1}{2c} \displaystyle\int_{x_1}^{x} \psi_1(\xi) \mathrm{d}\xi \end{cases} \tag{4-147}$$

$$\begin{cases} H(x) = \dfrac{v_l}{2c} \varphi_2(x) - \dfrac{1}{2c} \displaystyle\int_{x_1}^{x} \psi_2(\xi) \mathrm{d}\xi \\[4mm] I(x) = \dfrac{v_r}{2c} \varphi_2(x) + \dfrac{1}{2c} \displaystyle\int_{x_1}^{x} \psi_2(\xi) \mathrm{d}\xi \end{cases} \tag{4-148}$$

这里的 x_1 为任意常数，不妨令 $x_1 = 0$。根据轴向移动绳系统在力约束处的空间连续性

$$u(a^-, t) \equiv u(a^+, t) \tag{4-149}$$

可得

$$u_t(a^-, t) = u_t(a^+, t) \tag{4-150}$$

将通解式（4-145）代入方程组（4-143）中的第二个方程以及式（4-150）可得

$$\begin{cases} (\rho v^2 - P)[F'(a - v_r t) + G'(a + v_l t) - H'(a - v_r t) - I'(a + v_l t)] + f(t) = 0 \\ -v_r F'(a - v_r t) + v_l G'(a + v_l t) = -v_r H'(a - v_r t) + v_l I'(a + v_l t) \end{cases}$$

$$\tag{4-151}$$

根据行波具 F、G、H 及 I 的定义空间，式（4-150）的左右侧分别得到式（4-151）第二式的左右侧。

由此可得行波在约束处的关系为

$$\begin{cases} G'(a+v_l t)=I'(a+v_l t)-\dfrac{v_r}{2c(\rho v^2-P)}f(t) \\[2mm] H'(a-v_r t)=F'(a-v_r t)+\dfrac{v_l}{2c(\rho v^2-P)}f(t) \end{cases} \tag{4-152}$$

式(4-152)揭示了耦合机理,如果力 $f(t)$ 是已知的,入射行波 I 和 F 在约束处透射分别产生行波 G 和 H。将通解式(4-145)代入边界条件(4-144)可得

$$\begin{cases} F(-v_r t)=-G(v_l t)+u_1(t) \\[2mm] I(l_0+v_l t)=-H(l_0-v_r t)+u_2(t) \end{cases} \tag{4-153}$$

这里的行波的反射与透射具有周期性,以图 4-17(a) 中的行波 F_1,H_2 和 I_3 为例,F_1 的定义域为 $\{(x,t)\,|\,0\leqslant x\leqslant a,0\leqslant t\leqslant \frac{x}{v_r}\}$,$H_2$ 的定义域为 $\{(x,t)\,|\,a\leqslant x\leqslant l_0,\frac{x-a}{v_r}\leqslant t\leqslant \frac{x}{v_r}\}$,$I_3$ 的定义域为 $\{(x,t)\,|\,a\leqslant x\leqslant l_0,\frac{x-l_0}{-v_l}+\frac{l_0-a}{v_r}\leqslant t\leqslant \frac{x-l_0}{-v_l}+\frac{l_0}{v_r}\}$。入射波 F_1 在 $x=a$ 处透射产生 H_2,H_2 在边界处反射产生 I_3。行波周期为

$$T_0=\frac{2cl_0}{v_l v_r} \tag{4-154}$$

以上一个行波周期内的行波反射透射已经解决,任意一个周期的行波解也可以得到。

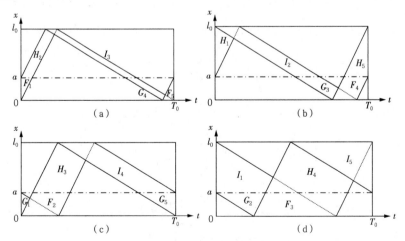

图 4-17　各行波在一个行波周期的定义域。根据不同初始行波 F_1,H_1,G_1 和 I_1 的反射与透射,(a),(b),(c) 和 (d) 展示了不同行波的定义域

2. 任意行波周期内的解

基于式(4-152)和式(4-153),第 n 个行波周期的反射与透射方程为

$$
\begin{cases}
G_{i+1}^{n}{}'(a+v_l t) = I_i^{n}{}'(a+v_l t) - \dfrac{v_r}{2c(\rho v^2 - P)}f(t) \\[4mm]
H_{i+1}^{n}{}'(a-v_r t) = F_i^{n}{}'(a-v_r t) + \dfrac{v_l}{2c(\rho v^2 - P)}f(t)
\end{cases}
\tag{4-155}
$$

$$
\begin{cases}
F_{i+1}^{n}(-v_r t) = -G_i^{n}(v_l t) + u_1(t) \\[3mm]
I_{i+1}^{n}(l_0 + v_l t) = -H_i^{n}(l_0 - v_r t) + u_2(t)
\end{cases}
\tag{4-156}
$$

其中,$i=1,2,3,4$。

初始行波可以由式(4-147)与式(4-148)得到:

$$
\begin{cases}
F_1^1(x-v_r t) = \dfrac{v_l}{2c}\varphi_1(x-v_r t) - \dfrac{1}{2c}\displaystyle\int_{x_1}^{x-v_r t}\psi_1(\xi)\,\mathrm{d}\xi \\[4mm]
G_1^1(x+v_l t) = \dfrac{v_r}{2c}\varphi_1(x+v_l t) + \dfrac{1}{2c}\displaystyle\int_{x_1}^{x+v_l t}\psi_1(\xi)\,\mathrm{d}\xi
\end{cases}
\tag{4-157}
$$

$$
\begin{cases}
H_1^1(x-v_r t) = \dfrac{v_l}{2c}\varphi_2(x-v_r t) - \dfrac{1}{2c}\displaystyle\int_{x_1}^{x-v_r t}\psi_2(\xi)\,\mathrm{d}\xi \\[4mm]
I_1^1(x+v_l t) = \dfrac{v_r}{2c}\varphi_2(x+v_l t) + \dfrac{1}{2c}\displaystyle\int_{x_1}^{x+v_l t}\psi_2(\xi)\,\mathrm{d}\xi
\end{cases}
\tag{4-158}
$$

换元 $s=a+v_l t$,$r=a-v_r t$,式(4-155)对时间 t 在相应定义域内进行积分得到

$$
G_2^n(s) = G_2^n[a+v_l(n-1)T_0] - I_1^n[a+v_l(n-1)T_0] + I_1^n(s)
$$
$$
- \int_{a+v_l(n-1)T_0}^{s} \frac{v_r}{2c(\rho v^2 - P)} f\!\left(\frac{s-a}{v_l}\right)\mathrm{d}s
\tag{4-159}
$$

$$
G_3^n(s) = G_3^n\!\left[a+v_l\!\left((n-1)T_0 + \frac{l_0-a}{v_l}\right)\right] - I_2^n\!\left\{a+v_l\!\left[(n-1)T_0 + \frac{l_0-a}{v_l}\right]\right\}
$$
$$
+ I_2^n(s) - \int_{a+v_l\left((n-1)T_0+\frac{l_0-a}{v_l}\right)}^{s} \frac{v_r}{2c(\rho v^2 - P)} f\!\left(\frac{s-a}{v_l}\right)\mathrm{d}s
\tag{4-160}
$$

$$
G_4^n(s) = G_4^n\!\left\{a+v_l\!\left[(n-1)T_0 + \frac{2c(l_0-a)}{v_l v_r}\right]\right\} - I_3^n\!\left\{a+v_l\!\left[(n-1)T_0 + \frac{2c(l_0-a)}{v_l v_r}\right]\right\}
$$
$$
+ I_3^n(s) - \int_{a+v_l\left((n-1)T_0+\frac{2c(l_0-a)}{v_l v_r}\right)}^{s} \frac{v_r}{2c(\rho v^2 - P)} f\!\left(\frac{s-a}{v_l}\right)\mathrm{d}s
\tag{4-161}
$$

$$G_5^n(s) = G_5^n \left\{ a + v_l \left[(n-1)T_0 + \frac{2d_0 - v_r a}{v_l v_r} \right] \right\} - I_4^n \left\{ a + v_l \left[(n-1)T_0 + \frac{2d_0 - v_r a}{v_l v_r} \right] \right\}$$

$$+ I_4^n(s) - \int_{a+v_l \left((n-1)T_0 + \frac{2d_0 - v_r a}{v_l v_r} \right)}^{s} \frac{v_r}{2c(\rho v^2 - P)} f\left(\frac{s-a}{v_l} \right) \mathrm{d}s \qquad (4-162)$$

$$H_2^n(r) = H_2^n[a - v_r(n-1)T_0] - F_1^n[a - v_r(n-1)T_0] + F_1^n(r)$$

$$- \int_{a-v_r(n-1)T_0}^{r} \frac{v_r}{2c(\rho v^2 - P)} f\left(\frac{a-r}{v_r} \right) \mathrm{d}r \qquad (4-163)$$

$$H_3^n(r) = H_3^n \left\{ a - v_r \left[(n-1)T_0 + \frac{l_0 - a}{v_l} \right] \right\} - F_2^n \left\{ a - v_r \left[(n-1)T_0 + \frac{l_0 - a}{v_l} \right] \right\}$$

$$+ F_2^n(r) - \int_{a-v_r \left((n-1)T_0 + \frac{l_0 - a}{v_l} \right)}^{r} \frac{v_r}{2c(\rho v^2 - P)} f\left(\frac{a-r}{v_r} \right) \mathrm{d}r \qquad (4-164)$$

$$H_4^n(r) = H_4^n \left\{ a - v_r \left[(n-1)T_0 + \frac{2c(l_0 - a)}{v_l v_r} \right] \right\} - F_3^n \left\{ a - v_r \left[(n-1)T_0 + \frac{2c(l_0 - a)}{v_l v_r} \right] \right\}$$

$$+ F_3^n(r) - \int_{a-v_r \left((n-1)T_0 + \frac{2c(l_0 - a)}{v_l v_r} \right)}^{r} \frac{v_r}{2c(\rho v^2 - P)} f\left(\frac{a-r}{v_r} \right) \mathrm{d}r \qquad (4-165)$$

$$H_5^n(r) = H_5^n \left\{ a - v_r \left[(n-1)T_0 + \frac{2d_0 - v_r a}{v_l v_r} \right] \right\} - F_4^n \left\{ a - v_r \left[(n-1)T_0 + \frac{2d_0 - v_r a}{v_l v_r} \right] \right\}$$

$$+ F_4^n(r) - \int_{a-v_r \left((n-1)T_0 + \frac{2d_0 - v_r a}{v_l v_r} \right)}^{r} \frac{v_r}{2c(\rho v^2 - P)} f\left(\frac{a-r}{v_r} \right) \mathrm{d}r \qquad (4-166)$$

空间连续性为

$$G_2^n[a + v_l(n-1)T_0] = G_1^n[a + v_l(n-1)T_0] \qquad (4-167)$$

$$G_3^n \left\{ a + v_l \left[(n-1)T_0 + \frac{l_0 - a}{v_l} \right] \right\} = G_2^n \left\{ a + v_l \left[(n-1)T_0 + \frac{l_0 - a}{v_l} \right] \right\}$$

$$(4-168)$$

$$G_4^n \left\{ a + v_l \left[(n-1)T_0 + \frac{2c(l_0 - a)}{v_l v_r} \right] \right\} = G_3^n \left\{ a + v_l \left[(n-1)T_0 + \frac{2c(l_0 - a)}{v_l v_r} \right] \right\}$$

$$(4-169)$$

$$G_5^n \left\{ a + v_l \left[(n-1)T_0 + \frac{2cl_0 - v_r a}{v_l v_r} \right] \right\} = G_4^n \left\{ a + v_l \left[(n-1)T_0 + \frac{2cl_0 - v_r a}{v_l v_r} \right] \right\}$$

$$(4-170)$$

$$H_2^n\left[a - v_r(n-1)T_0\right] = H_1^n\left[a - v_r(n-1)T_0\right] \tag{4-171}$$

$$H_3^n\left\{a - v_r\left[(n-1)T_0 + \frac{l_0 - a}{v_l}\right]\right\} = H_2^n\left\{a - v_r\left[(n-1)T_0 + \frac{l_0 - a}{v_l}\right]\right\} \tag{4-172}$$

$$H_4^n\left\{a - v_r\left[(n-1)T_0 + \frac{2c(l_0 - a)}{v_l v_r}\right]\right\} = H_3^n\left\{a - v_r\left[(n-1)T_0 + \frac{2c(l_0 - a)}{v_l v_r}\right]\right\}$$
$$\tag{4-173}$$

$$H_5^n\left\{a - v_r\left[(n-1)T_0 + \frac{2cl_0 - v_r a}{v_l v_r}\right]\right\} = H_4^n\left\{a - v_r\left[(n-1)T_0 + \frac{2cl_0 - v_r a}{v_l v_r}\right]\right\}$$
$$\tag{4-174}$$

时间连续性为

$$G_1^{n+1}(x + v_l n T_0) = G_5^n(x + v_l n T_0) \tag{4-175}$$

$$F_1^{n+1}(x - v_r n T_0) = F_5^n(x - v_r n T_0) \tag{4-176}$$

$$I_1^{n+1}(x + v_l n T_0) = I_5^n(x + v_l n T_0) \tag{4-177}$$

$$H_1^{n+1}(x - v_r n T_0) = H_5^n(x - v_r n T_0) \tag{4-178}$$

同样通过换元 $p = -v_r t$ 和 $q = l_0 + v_l t$，边界处的反射方程为

$$F_{i+1}^n(p) = -G_i^n\left(-\frac{v_l}{v_r}p\right) + u_1\left(\frac{p}{-v_r}\right) \tag{4-179}$$

$$I_{i+1}^n(q) = -H_i^n\left(\frac{2cl_0 - v_r q}{v_l}\right) + u_2\left(\frac{q - l_0}{v_l}\right) \tag{4-180}$$

4.5.2　强迫波法

1. 集中简谐力情况

当图 4-15 中的集中力为简谐力时（$f(t) = A\sin\omega t\ N$），轴向移动绳的横向振动响应可以根据强迫波的方法得到。A 和 ω 分别为简谐力的幅值和角频率。

结合 $f(t) = A\sin\omega t\ N$，式（4-142）的通解为

$$u(x,t) = F(x - v_r t) + G(x + v_l t) + Q(x,t) \tag{4-181}$$

这里强迫波的表达式：

$$Q(x,t) = \frac{A}{2c\omega\rho}H(x - a)\left(-\cos\left(\frac{\omega}{v_r}(v_r t - x + a)\right) + \cos\left(\frac{\omega}{v_l}(v_l t + x - a)\right)\right) \text{可}$$

以由软件 MAPLE 求得并验算。需要注意的是行波 F 和 G 定义在空间 0 到 l_0 上。初始横向位移和速度由式(4-9)给出。把通解式(4-181)代入初始条件式(4-9)中,得到初始行波的表达式为

$$\begin{cases} F(x)=\dfrac{v_l}{2c}(-Q(x,0)+\varphi(x))-\dfrac{1}{2c}\int_{x_1}^{x}\psi(\xi)-Q_t(\xi,0)\mathrm{d}\xi \\[4mm] G(x)=\dfrac{v_r}{2c}(-Q(x,0)+\varphi(x))+\dfrac{1}{2c}\int_{x_1}^{x}\psi(\xi)-Q_t(\xi,0)\mathrm{d}\xi \end{cases} \qquad (4-182)$$

然后把通解式(4-181)代入边界条件式(4-144)中,得到边界反射方程为

$$\begin{cases} F(-v_rt)=-G(v_lt)-Q(0,t)+u_1(t) \\[2mm] G(l_0+v_lt)=-F(l_0-v_rt)-Q(l_0,t)+u_2(t) \end{cases} \qquad (4-183)$$

在图4-18(a)中,行波 F_1 的定义域为 $\{(x,t)\,|\,0\leqslant x\leqslant l_0,0\leqslant t\leqslant \dfrac{x}{v_r}\}$,$G_2$ 的定义域为 $\{(x,t)\,|\,0\leqslant x\leqslant l_0,\dfrac{l_0-x}{v_l}\leqslant t\leqslant \dfrac{x-l_0}{-v_l}+\dfrac{l_0}{v_r}\}$,$F_3$ 的定义域为 $\{(x,t)\,|\,0\leqslant x\leqslant l_0,\dfrac{x}{v_r}+\dfrac{l_0}{v_l}\leqslant t\leqslant T_0\}$;在图4-18(b)中,$G_1$ 的定义域为 $\{(x,t)\,|\,0\leqslant x\leqslant l_0,0\leqslant t\leqslant \dfrac{l_0-x}{v_l}\}$,$F_2$ 的定义域为 $\{(x,t)\,|\,0\leqslant x\leqslant l_0,\dfrac{x}{v_r}\leqslant t\leqslant \dfrac{x}{v_r}+\dfrac{l_0}{v_l}\}$,$G_3$ 的定义域为 $\{(x,t)\,|\,0\leqslant x\leqslant l_0,\dfrac{x-l_0}{-v_l}+\dfrac{l_0}{v_r}\leqslant t\leqslant T_0\}$。

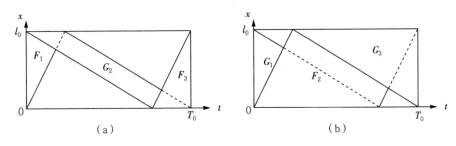

（a）　　　　　　　　　　　　　　　　（b）

图 4-18　一个行波周期内行波 F_i,G_i 的定义域($i=1,2,3$)

注:根据不同初始行波 F_1 和 G_1 的反射与透射,(a)和(b)展示了不同行波的定义域

初始行波的表达式已由式(4-182)得到

$$\begin{cases} F_1^1(x-v_rt) = \dfrac{v_l}{2c}(-Q(x-v_rt,0)+\varphi(x-v_rt)) - \dfrac{1}{2c}\displaystyle\int_{x_1}^{x-v_rt} \psi(\xi) - Q_t(\xi,0)\mathrm{d}\xi \\[4mm] G_1^1(x+v_lt) = \dfrac{v_r}{2c}(-Q(x+v_lt,0)+\varphi(x+v_lt)) + \dfrac{1}{2c}\displaystyle\int_{x_1}^{x+v_lt} \psi(\xi) - Q_t(\xi,0)\mathrm{d}\xi \end{cases}$$

$$(4-184)$$

经过换元，设 $p=-v_rt, q=l_0+v_lt$，第 n 个周期的边界反射方程为

$$\begin{cases} F_{i+1}^n(p) = -G_i^n\left(\dfrac{v_lp}{-v_r}\right) - Q\left(0,\dfrac{p}{-v_r}\right) + u_1\left(\dfrac{p}{-v_r}\right) \\[4mm] G_{i+1}^n(q) = -F_i^n\left(\dfrac{2cl_0-v_rq}{v_l}\right) - Q\left(l_0,\dfrac{q-l_0}{v_l}\right) + u_2\left(\dfrac{q-l_0}{v_l}\right) \end{cases}$$

$$(4-185)$$

其中 $i=1,2$。

2. 均布简谐力情况

当外力为均布简谐力（载荷密度为 $A\sin\omega t$ N/m）时，轴向移动绳系统的运动方程为

$$u_{tt} + 2vu_{xt} + (v^2-c^2)u_{xx} = \frac{A\sin\omega t}{\rho} \tag{4-186}$$

根据强迫波的方法，均布载荷条件下的通解为

$$u(x,t) = F(x-v_rt) + G(x+v_lt) + Q(t) \tag{4-187}$$

其中，$Q(t)$ 的表达式可由软件 MAPLE 求得并验算

$$Q(t) = -\frac{A\sin(\omega t)}{\rho\omega^2} \tag{4-188}$$

值得一提的是，由于均布载荷与空间无关，因此这里式(4-187)的 Q 只是时间 t 的函数，而式(4-181)中，为集中简谐力，与空间和时间均有关，故式(4-181)的 Q 为空间坐标 x 及时间 t 的函数。

4.5.3   仿真算例

选择一些参数进行仿真，验证行波解的正确性：$l_0=3$m，$\rho=0.06$kg/m，$P=5$N，$v=0.3c$，$a=1$m。式(2-101)给出了固定边界条件下轴向移动绳系统的 k 阶固

有角频率：

$$\omega_k = \frac{k\pi(c^2 - v^2)}{cl_0} \quad (k = 1, 2, 3, \cdots\cdots) \tag{4-189}$$

一个集中简谐力 $f(t) = 0.06\sin\omega_2 t\ N$ 作用在 $x = 1$ 的位置，初始横向位移和初始速度为

$$\begin{cases} \varphi(x) = \dfrac{0.16x^2(l_0 - x)^2}{l_0^4} \\ \psi(x) = 0 \end{cases} \tag{4-190}$$

图 4 - 19(a) 和(b) 展示了两种不同方法获得的轴向移动绳系统的行波解。达朗贝尔的方法根据外力作用的位置将空间区域分为两个部分，这两个部分可以看作自由振动，行波在力作用处是不连续的；强迫波的方法则是从整个空间区域上考虑，而此方法的缺点是外力必须是已知的，或者能够得到强迫波的表达式，优点则是当外力不是集中力时(比如均布力)，强迫波的方法依然可以使用而达朗贝尔的方法则不能。图 4 - 19(a) 和(b) 中的各行波经过叠加得到(c) 中的振动响应，图 4 - 19(c) 表示两种行波法得到的位移响应与有限元法的比较。这里有限元法与两种行波方法相互验证。

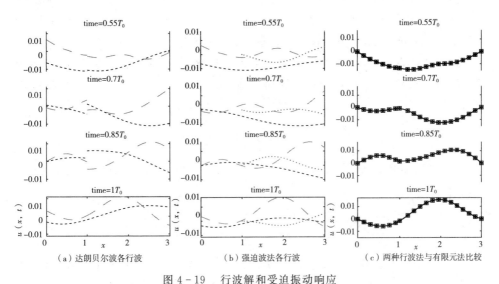

（a）达朗贝尔波各行波　　　　（b）强迫波法各行波　　　　（c）两种行波法与有限元法比较

图 4 - 19　行波解和受迫振动响应

图中曲线：右行波 ••••••••••，左行波 —— —— ——，强迫波 •••••。
达朗贝尔法得到的响应 •••，强迫波法得到的响应 □ □ □，有限元法得到的响应 ————。

4.6　振动隔离

　　当图 4-15 中的力是一个控制力时,调整控制力的大小可以抑制控制力某一侧的振动,达到振动隔离的效果。现以图 4-20 中的热镀锌带钢简化模型为例,当只考虑热镀锌带钢的横向振动时,可以简化为轴向移动绳系统,右侧冷却风扇对带钢产生激励作用,可以简化为均布简谐激励 f_2,左侧气刀控制镀锌厚度,可以简化为集中简谐激励 f_1。此工艺要求气刀处带钢的振动要小,否则会严重影响对镀锌厚度的控制。相关参数见表 4-2 所列。

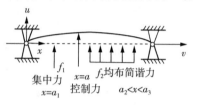

图 4-20　热镀锌带钢简化模型

表 4-2　移动带钢参数

l_0/m	$\rho/(\text{kg} \cdot \text{m}^{-1})$	P/N	$v/(\text{m} \cdot \text{s}^{-1})$
55	5.85	20000	2.6

　　激励力作用位置相关参数 $a_1 = 2\text{m}$, $a_2 = 35\text{m}$, $a_3 = 53\text{m}$,激励力($f_1 = A_1 \sin\omega_c t$, $f_2 = A_2 \sin\omega_u t$)相关参数 $A_1 = 250\text{N}$, $\omega_c = 1050\omega_1 = 3500\text{rad/s}$, $A_2 = 2\text{N/m}$, and $\omega_u = 1.75\omega_1 = 5.83\text{rad/s}$。其中,$\omega_1$ 为一阶固有角频率,由式(2-101)得到。

　　这里作用在 $a = 6\text{m}$ 处的控制力不再是边界控制力,当控制力使得 $[0, a_1]$ 区域的入射波不振动时,此区域带钢的振动能够得到控制。基于式(4-145)可以得到

$$u_t(a^+, t) = v_l I'(a + v_l t) - v_r H'(a - v_r t) \tag{4-191}$$

$$u_x(a^+, t) = I'(a + v_l t) + H'(a - v_r t) \tag{4-192}$$

　　令式(4-152)中 $G'(a + v_l t) \equiv 0$,并结合式(4-191)与式(4-192),控制力的表达式为

$$f(t) = \frac{2c(\rho v^2 - P)I'(a + v_l t)}{v_r} = \frac{(\rho v^2 - P)[u_t(a^+, t) + v_r u_x(a^+, t)]}{v_r} \tag{4-193}$$

　　图 4-21(a)展示了没有控制力时整个带钢的振动,振动主要是由低频的均布激励力引起的,图 4-21(b)展示了 a_1 位置处的振动,图 4-21(c)则展示了加入控制力时 a_1 处的振动,控制力避免了均布激励力对 $[0, a]$ 区域的影响,此时的振动是由集中简谐激励力引起的。

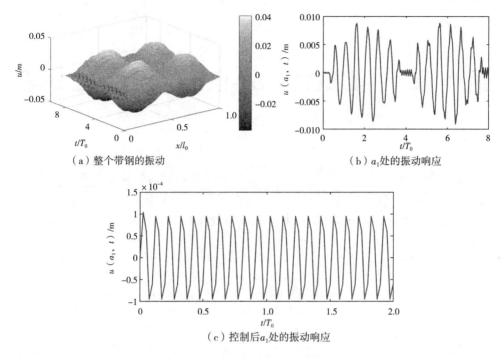

（a）整个带钢的振动

（b）a_1处的振动响应

（c）控制后a_1处的振动响应

图 4 - 21   振动响应与控制结果

第5章　能量计算及模态迁移特性分析

本章基于第 4 章的行波反射叠加法对轴向绳移系统的振动能量进行计算,并且从控制体及系统的两个角度对能量变化率进行计算分析,从机理上揭示能量变化规律,利用复模态理论计算轴向绳移系统的能量模态分布并分析能量模态迁移的规律。

5.1　轴向移动绳的控制体与系统

轴向移动材料的控制体(control volume)是指一个选定的空间区域,系统(system)是指固定质量的一定量的物质。如图 5-1 所示,在 t 时刻控制体为边界内的部分,此时这部分同时被选为系统,当 $t + \Delta t$ 时刻时,控制体还是边界内的部分,而系统已移动到下一个位置。

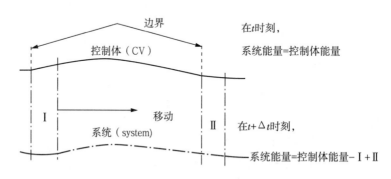

图 5-1　在 t 时刻和 $t + \Delta t$ 时刻控制体和系统能量的区别

作为一个具有轴向运动的变质量系统,边界之间的轴向移动绳可以视为一种特殊的流体。根据流体力学这一相对成熟的理论,可以对轴向移动绳能量变化理论进行完善。在分析能量变化时,必须明确是分析系统的能量变化率还是分析控制体的能量变化率。最初,Renshaw 等人从拉格朗日坐标的角度和欧拉坐标的角度分析了轴向移动绳系统的能量。马里兰大学朱伟东借鉴了流体力学的概念,从系统和控制体的角度区分了移动材料的能量变化率(分别对应于拉格朗日坐标和欧拉坐标)。

当选取固定数量的物质方便进行研究时,应该考虑选择"系统"为研究对象;当在空间上选定区域方便进行研究时,则应该考虑选择"控制体"为研究对象。轴向移动绳等涉及移动物质的类似工程问题,经常考虑选取控制体为研究对象,它提供了一种方法来研究绳子响应对空间上一定区域的影响;有时,我们比较关注绳子上某一段固定部分,系统则成为研究对象。

在研究轴向移动绳的能量变化时,系统的能量变化率和控制体的能量变化率是不同的:

在 t 时刻和 $t + \Delta t$ 时刻,控制体的能量 E_{CV} 和系统的能量 E_{sys} 关系为

$$E_{sys}(t) = E_{CV}(t) \tag{5-1}$$

$$E_{sys}(t + \Delta t) = E_{CV}(t + \Delta t) - E_{I}(t + \Delta t) + E_{II}(t + \Delta t) \tag{5-2}$$

其中,E_{I} 和 E_{II} 分别表示移动绳在区域 Ⅰ 和 Ⅱ 内的能量。

结合式(5-1)和式(5-2),在 Δt 时间段内系统能量的变化比上 Δt 为

$$\frac{E_{sys}(t + \Delta t) - E_{sys}(t)}{\Delta t} = \frac{E_{CV}(t + \Delta t) - E_{CV}(t)}{\Delta t} - \frac{E_{I}(t + \Delta t)}{\Delta t} + \frac{E_{II}(t + \Delta t)}{\Delta t}$$

$$\tag{5-3}$$

当 Δt 趋于 0 时,根据导数的定义得到

$$\frac{\mathrm{d}E_{sys}}{\mathrm{d}t} = \frac{\mathrm{d}E_{CV}}{\mathrm{d}t} - v\varepsilon(0,t) + v\varepsilon(l_0,t) \tag{5-4}$$

这里 ε 为能量密度。

式(4-1)分别对 t 和 x 求偏导得到

$$\begin{cases} u_t = -v_r F' + v_l G' \\ u_x = F' + G' \end{cases} \tag{5-5}$$

结合式(5-5),控制体的能量为

$$E_{CV}(t) = \int_0^{l_0} \left(\frac{1}{2}\rho v^2 + \frac{1}{2}\rho (u_t + vu_x)^2 + \frac{1}{2}Pu_x^2 \right) \mathrm{d}x$$

$$= \rho c^2 \int_0^{l_0} (F'^2 + G'^2) \mathrm{d}x + \frac{1}{2}\rho v^2 l_0 \tag{5-6}$$

控制体的能量变化率为

$$\frac{\mathrm{d}E_{CV}}{\mathrm{d}t} = \rho(c^2 - v^2)u_t u_x \Big|_0^{l_0} - \frac{\rho v}{2}u_t^2 \Big|_0^{l_0} + \frac{\rho(c^2 - v^2)v}{2}u_x^2 \Big|_0^{l_0}$$

$$= \rho c^2 \left[-v_r F'^2(x - v_r t) + v_l G'^2(x + v_l t) \right] \Big|_0^{l_0} \qquad (5-7)$$

根据一维雷诺传输定理可得

$$\frac{\mathrm{d}E_{sys}}{\mathrm{d}t} = \frac{\mathrm{d}E_{CV}}{\mathrm{d}t} + v\varepsilon \Big|_0^{l_0} \qquad (5-8)$$

这里系统的能量变化率是瞬时定义的，即只在 t 时刻有定义。能量密度为

$$\varepsilon = \frac{1}{2}\rho v^2 + \frac{1}{2}\rho(u_t + vu_x)^2 + \frac{1}{2}Pu_x^2 \qquad (5-9)$$

把式(5-5)代入式(5-9)可得

$$\varepsilon = \frac{1}{2}\rho v^2 + \rho c^2(F'^2 + G'^2) \qquad (5-10)$$

式(5-10)和式(5-7)代入式(5-8)可得

$$\frac{\mathrm{d}E_{sys}}{\mathrm{d}t} = (Pu_x)(u_t + vu_x) \Big|_0^{l_0} = \rho c^3 \left[-F'^2(x - v_r t) + G'^2(x + v_l t) \right] \Big|_0^{l_0}$$

$$(5-11)$$

　　能量的流入流出来自两部分：绳子在空间$(0,l_0)$上的移动和外力或者力矩做功功率(阻尼力和边界支撑力等)。这两部分导致能量的变化十分复杂。由式(5-11)可知，系统的能量变化率等于边界做功。式(5-8)的第二项表示绳子移动引起的能量流出控制体的净变化率。

5.2　振动能量计算

　　由5.1小节式(5-6)可知，振动能量的计算关键是求解出左右行波函数的导数。以固定-阻尼边界为例，行波解已在4.3多周期行波反射叠加法求出，式(4-112)对$x - v_r t$求导得到

$$\left[F_1^n(x - v_r t) \right]' = \left(\beta \frac{v_l}{v_r} \right)^{n-1} F_1'^1 \left[(n-1)\frac{2c}{v_l}l_0 + x - v_r t \right] \qquad (5-12)$$

结合式(5-12)和式(5-6)可以得到行波能量

$$E_{F_1^n}(t)_{x_1,x_2} = \rho c^2 \int_{x_1}^{x_2} \left[F'^n_1(x-v_r t) \right]^2 \mathrm{d}x$$

$$= \rho c^2 \int_{x_1}^{x_2} \left\{ \left(\beta \frac{v_l}{v_r} \right)^{n-1} F'^1_1 \left[(n-1) \frac{2c}{v_l} l_0 + x - v_r t \right] \right\}^2 \mathrm{d}x \qquad (5-13)$$

$E_{F_1^n}(t)_{x_1,x_2}$ 代表了第 n 个周期行波 F_1 在坐标 x_1 到 x_2 上的能量($0 < x_1 < x_2 < l_0$)。同理可得

$$E_{F_2^n}(t)_{x_1,x_2} = \rho c^2 \int_{x_1}^{x_2} \left\{ \frac{v_l}{v_r} \left(\beta \frac{v_l}{v_r} \right)^{n-1} G'^1_1 \left[-(n-1) \frac{2c}{v_r} l_0 - \frac{v_l}{v_r}(x - v_r t) \right] \right\}^2 \mathrm{d}x$$

$$(5-14)$$

$$E_{F_3^n}(t)_{x_1,x_2} = \rho c^2 \int_{x_1}^{x_2} \left\{ \left(\beta \frac{v_l}{v_r} \right)^n F'^1_1 \left[n \frac{2c}{v_l} l_0 + x - v_r t \right] \right\}^2 \mathrm{d}x \qquad (5-15)$$

$$E_{G_1^n}(t)_{x_1,x_2} = \rho c^2 \int_{x_1}^{x_2} \left\{ \left(\beta \frac{v_l}{v_r} \right)^{n-1} G'^1_1 \left[-(n-1) \frac{2c}{v_r} l_0 + x + v_l t \right] \right\}^2 \mathrm{d}x$$

$$(5-16)$$

$$E_{G_2^n}(t)_{x_1,x_2} = \rho c^2 \int_{x_1}^{x_2} \left\{ \frac{v_r}{v_l} \cdot \left(\beta \frac{v_l}{v_r} \right)^n F'^1_1 \left[n \frac{2c}{v_l} l_0 - \frac{v_r}{v_l} x - v_r t \right] \right\}^2 \mathrm{d}x \qquad (5-17)$$

$$E_{G_3^n}(t)_{x_1,x_2} = \rho c^2 \int_{x_1}^{x_2} \left\{ \left(\beta \frac{v_l}{v_r} \right)^n G'^1_1 \left[-n \frac{2c}{v_r} l_0 + x + v_l t \right] \right\}^2 \mathrm{d}x \qquad (5-18)$$

计算振动能量时同样要分阶段讨论：

1)$(n-1)T_0 < t < (n-1)T_0 + t_a$

此时行波能量由 $F_1^n, F_2^n, G_1^n, G_2^n$ 四个行波的能量和轴向能量构成

$$E^n(t) = E_{F_1^n}(t)_{x_1=v_r(t-(n-1)T_0), x_2=l_0} + E_{F_2^n}(t)_{x_1=0, x_2=v_r(t-(n-1)T_0)}$$

$$+ E_{G_1^n}(t)_{x_1=0, x_2=l_0-v_l(t-(n-1)T_0)} + E_{G_2^n}(t)_{x_1=l_0-v_l(t-(n-1)T_0), x_2=l_0} + \frac{1}{2}\rho v^2 l_0$$

$$(5-19)$$

$E_{F_1^n}(t)$、$E_{F_2^n}(t)$、$E_{G_1^n}(t)$ 和 $E_{G_2^n}(t)$ 是第 n 个周期行波 F_1、F_2、G_1 和 G_2 的能量。

2)$(n-1)T_0 + t_a < t < (n-1)T_0 + t_b$

同理可得

$$E^n(t) = E_{G_1^n}(t)_{x_1=0, x_2=l_0-v_l(t-(n-1)T_0)} + E_{G_2^n}(t)_{x_1=l_0-v_l(t-(n-1)T_0), x_2=\frac{2d_0}{v_r}-v_l(t-(n-1)T_0)} +$$

$$E_{G_3^n}(t)_{x_1=\frac{2cl_0}{v_r}-v_l(t-(n-1)T_0),x_2=l_0} + E_{F_2^n}(t)_{x_1=0,x_2=l_0} + \frac{1}{2}\rho v^2 l_0 \qquad (5-20)$$

3)$(n-1)T_0 + t_b < t < nT_0$

同理可得

$$E^n(t) = E_{F_2^n}(t)_{x_1=v_r(t-(n-1)T)-\frac{v_r}{v_l}l_0,x_2=l_0} + E_{F_3^n}(t)_{x_1=0,x_2=v_r(t-(n-1)T)-\frac{v_r}{v_l}l_0}$$

$$+ E_{G_2^n}(t)_{x_1=0,x_2=\frac{2c}{v_r}l_0-v_l(t-(n-1)T)} + E_{G_3^n}(t)_{x_1=\frac{2c}{v_r}l_0-v_l(t-(n-1)T),x_2=l_0} + \frac{1}{2}\rho v^2 l_0$$

$$(5-21)$$

　　仿真参数沿用表 4-1,图 5-2 显示了在不同边界阻尼值情况下,在 2 个周期内,具有固定-阻尼边界条件的轴向移动绳系统的振动能量,$\eta=0$ Ns/m 的情况对应固定-自由边界条件。当 $0 < \eta < \eta_{opt}$ 时,系统能量整体上随着时间的增加而下降,阻尼值越大,能量下降速率越快;当 $\eta > \eta_{opt}$ 时,阻尼值越大,能量的下降速率越小。

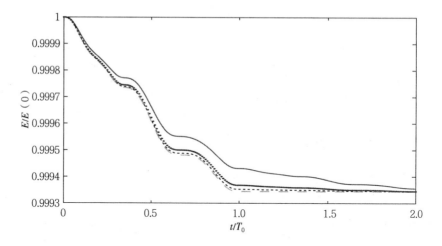

图 5-2　固定-阻尼边界条件下轴向移动绳系统的自由振动能量
不同曲线代表不同的阻尼值,——— $\eta = 0.1$Ns/m,------------ $\eta = 0.3$Ns/m,
— — — $\eta = 0.4213$Ns/m(边界最优阻尼值 η_{opt}),· · · · · $\eta = 0.7$Ns/m。

5.3　振动能量变化率

　　振动能量变化率分为系统能量的变化率和控制体能量的变化率。
　　式(5-13)～式(5-18)对 t 求导得

$$\frac{\mathrm{d}E_{F_1^n(t)}}{\mathrm{d}t} = \rho c^2 \left(\beta \frac{v_l}{v_r}\right)^{2(n-1)} \left\{-v_r \left\{F_1^{1\prime}\left[(n-1)\frac{2cl_0}{v_l} + x - v_r t\right]\right\}^2\right\}_{x_1}^{x_2} \quad (5-22)$$

$$\frac{\mathrm{d}E_{F_2^n(t)}}{\mathrm{d}t} = \rho c^2 \left(\frac{v_l}{v_r}\right)^2 \left(\beta \frac{v_l}{v_r}\right)^{2(n-1)} \left\{-v_r \left\{G_1^{1\prime}\left[-(n-1)\frac{2cl_0}{v_r} - \frac{v_l}{v_r}(x - v_r t)\right]\right\}^2\right\}_{x_1}^{x_2}$$

$$(5-23)$$

$$\frac{\mathrm{d}E_{F_3^n(t)}}{\mathrm{d}t} = \rho c^2 \left(\beta \frac{v_l}{v_r}\right)^{2n} \left\{-v_r \left[F_1^{1\prime}\left(n\frac{2cl_0}{v_l} + x - v_r t\right)\right]^2\right\}_{x_1}^{x_2} \quad (5-24)$$

$$\frac{\mathrm{d}E_{G_1^n(t)}}{\mathrm{d}t} = \rho c^2 \left(\beta \frac{v_l}{v_r}\right)^{2(n-1)} \left\{v_l \left[G_1^{1\prime}\left(-(n-1)\frac{2cl_0}{v_r} + x + v_l t\right)\right]^2\right\}_{x_1}^{x_2} \quad (5-25)$$

$$\frac{\mathrm{d}E_{G_2^n(t)}}{\mathrm{d}t} = \rho c^2 \left(\frac{v_r}{v_l}\right)^2 \left(\beta \frac{v_l}{v_r}\right)^{2n} \left\{v_l \left[F_1^{1\prime}\left(n\frac{2cl_0}{v_l} - \frac{v_r}{v_l}x - v_r t\right)\right]^2\right\}_{x_1}^{x_2} \quad (5-26)$$

$$\frac{\mathrm{d}E_{G_3^n(t)}}{\mathrm{d}t} = \rho c^2 \left(\beta \frac{v_l}{v_r}\right)^{2n} \left\{v_l \left[G_1^{1\prime}\left(-n\frac{2cl_0}{v_r} + x + v_l t\right)\right]^2\right\}_{x_1}^{x_2} \quad (5-27)$$

同样要分阶段讨论：

1）$(n-1)T_0 < t < (n-1)T_0 + t_a$

$$\frac{\mathrm{d}E_{CV}^n(t)}{\mathrm{d}t} = \frac{\mathrm{d}E_{F_1^n}(t)}{\mathrm{d}t}\Big|_{x=l_0} - \frac{\mathrm{d}E_{F_2^n}(t)}{\mathrm{d}t}\Big|_{x=0} - \frac{\mathrm{d}E_{G_1^n}(t)}{\mathrm{d}t}\Big|_{x=0} + \frac{\mathrm{d}E_{G_2^n}(t)}{\mathrm{d}t}\Big|_{x=l_0} \quad (5-28)$$

比较控制体的能量变化率和系统的能量变化率，即比较式（5-7）和式（5-11）可得

$$\frac{\mathrm{d}E_{sys}^n(t)}{\mathrm{d}t} = \frac{c}{v_r}\left[\frac{\mathrm{d}E_{F_1^n}(t)}{\mathrm{d}t}\Big|_{x=l_0} - \frac{\mathrm{d}E_{F_2^n}(t)}{\mathrm{d}t}\Big|_{x=0}\right] + \frac{c}{v_l}\left[-\frac{\mathrm{d}E_{G_1^n}(t)}{\mathrm{d}t}\Big|_{x=0} + \frac{\mathrm{d}E_{G_2^n}(t)}{\mathrm{d}t}\Big|_{x=l_0}\right]$$

$$(5-29)$$

2）$(n-1)T_0 + t_a < t < (n-1)T_0 + t_b$

同理可得

$$\frac{\mathrm{d}E_{CV}^n(t)}{\mathrm{d}t} = -\frac{\mathrm{d}E_{G_1^n}(t)}{\mathrm{d}t}\Big|_{x=0} + \frac{\mathrm{d}E_{G_3^n}(t)}{\mathrm{d}t}\Big|_{x=l_0} + \frac{\mathrm{d}E_{F_2^n}(t)}{\mathrm{d}t}\Big|_{\substack{x_2=l_0 \\ x_1=0}} \quad (5-30)$$

$$\frac{\mathrm{d}E_{sys}^n(t)}{\mathrm{d}t} = \frac{c}{v_l}\left[-\frac{\mathrm{d}E_{G_1^n}(t)}{\mathrm{d}t}\Big|_{x=0} + \frac{\mathrm{d}E_{G_3^n}(t)}{\mathrm{d}t}\Big|_{x=l_0}\right] + \frac{c}{v_r}\frac{\mathrm{d}E_{F_2^n}(t)}{\mathrm{d}t}\Big|_{\substack{x_2=l_0 \\ x_1=0}}$$

$$(5-31)$$

3)$(n-1)T_0 + t_b < t < nT_0$

$$\frac{dE_{CV}^n(t)}{dt} = \frac{dE_{F_2^n}(t)}{dt}\Big|_{x=l_0} - \frac{dE_{F_3^n}(t)}{dt}\Big|_{x=0} - \frac{dE_{G_2^n}(t)}{dt}\Big|_{x=0} + \frac{dE_{G_3^n}(t)}{dt}\Big|_{x=l_0}$$

$$(5-32)$$

$$\frac{dE_{sys}^n(t)}{dt} = \frac{c}{v_r}\left[\frac{dE_{F_2^n}(t)}{dt}\Big|_{x=l_0} - \frac{dE_{F_3^n}(t)}{dt}\Big|_{x=0}\right] + \frac{c}{v_l}\left[-\frac{dE_{G_2^n}(t)}{dt}\Big|_{x=0} + \frac{dE_{G_3^n}(t)}{dt}\Big|_{x=l_0}\right]$$

$$(5-33)$$

图 5-3(a) 展示了不同边界阻尼值情况下控制体的能量变化率,可由图 5-2 中能量对时间直接求导得到。图 5-3(b) 中的系统的能量变化率展示了边界做功情况。

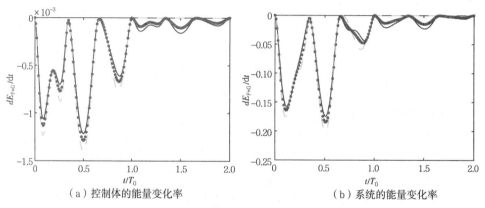

（a）控制体的能量变化率   （b）系统的能量变化率

图 5-3   不同边界阻尼值情况下能量变化率

不同曲线代表不同的阻尼值：———— $\eta = 0.1$Ns/m，----- $\eta = 0.4213$Ns/m
（最优阻尼值 η_{opt}），××××$\eta = 0.9$Ns/m。

5.4   模态能量分析

5.4.1   振动模态分量及模态能量计算

目前,解决高速轴向移动绳横向振动问题还比较困难,随着绳移动速度增加,其能量变化时变特征更加明显,因此需要探索轴向移动绳的能量变化时变特征和机理。针对定长度轴向移动绳模型,如图 1-3 所示,可以利用复模态理论解决由于轴向移动而在绳系横向振动系统方程中产生陀螺项导致实模态技术无法解决的问题,获得时变的各阶模态位移分量及模态速度分量,并利用积分法计算各阶模态能量。

图 5-4 为轴向移动绳横向振动简化
模型,两端均为固定边界,由于绳的拉伸
引起的非线性几何变形很小,则非线性
项可以忽略。在全局坐标系中,移动绳
索模型的控制方程为

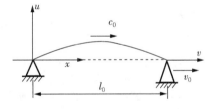

图 5-4　轴向移动绳横向振动简化模型

$$M(t)\ddot{Q} + C(t)\dot{Q} + K(t)Q = F(t) \qquad (5-34)$$

式中:Q——每个节点的横向位移矢量;

$M(t)$、$C(t)$、$K(t)$——质量阵、陀螺阵及刚度阵;

$F(t)$——系统模型受到的外力。

使用状态向量法,并用式(5-34)中的近似线性模型研究移动绳自由振动的模
态分解。在式(5-34)的近似线性模型的特征矩阵 $\boldsymbol{\Lambda}(t)$ 如下:

$$\boldsymbol{\Lambda}(t) = -\begin{bmatrix} K(t) & 0 \\ 0 & -M(t) \end{bmatrix}^{-1} \begin{bmatrix} C(t) & M(t) \\ M(t) & 0 \end{bmatrix} \qquad (5-35)$$

$\boldsymbol{\Lambda}(t)$ 对应的特征向量矩阵 $\boldsymbol{\Phi}(t)$ 为:

$$\boldsymbol{\Phi}(t) = [\boldsymbol{\Psi}_1(t), \boldsymbol{\Psi}_1^*(t), \cdots, \boldsymbol{\Psi}_n(t), \boldsymbol{\Psi}_n^*(t)] \qquad (5-36)$$

式中:$\boldsymbol{\Psi}_i(t)$——第 i 阶特征向量;

$\boldsymbol{\Psi}_i^*(t)$——第 i 阶共轭特征向量。

其中,

$$\boldsymbol{\Psi}_i(t) = \left\{ \begin{array}{c} \boldsymbol{\varphi}_i(t) \\ p_i(t)\boldsymbol{\varphi}_i(t) \end{array} \right\} \qquad (5-37)$$

式中:$\boldsymbol{\varphi}_i(t)$——绳移系统的第 i 阶位移模态;

$p_i(t)$——特征矩阵 $\Lambda(t)$ 的第 i 阶特征值。

移动绳自由振动的位移响应 $Q(t)$ 和速度响应 $\dot{Q}(t)$ 用模态坐标表示:

$$\begin{bmatrix} Q(t) \\ \dot{Q}(t) \end{bmatrix} = \boldsymbol{\Phi}(t)Z(t) \qquad (5-38)$$

其中,$Z(t)$ 是模态坐标,具体表达为

$$Z(t) = [z_1(t), z_1^*(t), \cdots, z_n(t), z_n^*(t)]^{\mathrm{T}} \qquad (5-39)$$

因此,可以得到 $Z(t)$ 表达式:

$$Z(t) = \boldsymbol{\Phi}(t)^{-1} \begin{bmatrix} \boldsymbol{Q}(t) \\ \dot{\boldsymbol{Q}}(t) \end{bmatrix} \tag{5-40}$$

将式(5-36)、式(5-37)、式(5-39)代入式(5-38)可以得到：

$$\begin{bmatrix} \boldsymbol{Q}(t) \\ \dot{\boldsymbol{Q}}(t) \end{bmatrix} = \sum_{i=1}^{n} \left\{ z_i(t) \begin{bmatrix} \boldsymbol{\varphi}_i(t) \\ p_i(t)\boldsymbol{\varphi}_i(t) \end{bmatrix} + z_i^*(t) \begin{bmatrix} \boldsymbol{\varphi}_i^*(t) \\ p_i^*(t)\boldsymbol{\varphi}_i^*(t) \end{bmatrix} \right\} \tag{5-41}$$

公式(5-41)表明响应由模态分量组成，因此第 i 阶位移和速度模态分量为

$$\boldsymbol{Q}_{Mi}(t) = z_i(t)\boldsymbol{\varphi}_i(t) + z_i^*(t)\boldsymbol{\varphi}_i^*(t) \tag{5-42}$$

$$\dot{\boldsymbol{Q}}_{Mi}(t) = z_i(t)p_i(t)\boldsymbol{\varphi}_i(t) + z_i^*(t)p_i^*(t)\boldsymbol{\varphi}_i^*(t) \tag{5-43}$$

利用方程式(5-42)和式(5-43)，计算第 i 阶振型的动能 $T_{Mi}(t)$ 和势能 $V_{Mi}(t)$ 表达式：

$$T_{Mi}(t) = \frac{1}{2} \int_0^{l(t)} \rho (Q_{Mit}^2 + 2Q_{Mit}Q_{Mix}\dot{x} + Q_{Mix}^2 \dot{x}^2) \, \mathrm{d}x \tag{5-44}$$

$$V_{Mi}(t) = \frac{1}{2} \int_0^{l(t)} P Q_{Mix}^2 \, \mathrm{d}x + \frac{1}{8} \int_0^{l(t)} EA Q_{Mix}^4 \, \mathrm{d}x \tag{5-45}$$

式中：ρ——移动绳索的线密度；

$\quad$ x——移动绳索的轴向位移；

$\quad$ P——移动绳索的张紧力；

$\quad$ E——绳索的杨氏模量；

$\quad$ A——绳索的横截面积。

则第 i 阶的系统总能量 $E_{Mi}(t)$ 为

$$E_{Mi}(t) = T_{Mi}(t) + V_{Mi}(t) \tag{5-46}$$

5.4.2　能量模态迁移特征

为了观察不同轴向移动速度下绳的能量变化，比较了在固定-固定边界条件的12种情况绳的自由振动的能量变化。其位移初始条件依次为前四阶的模态振型。

$$\begin{cases} u_i(x,0) = A_0 \sin(i\pi x/l) \\ \dot{u}_i(x,0) = 0 \end{cases} \quad i = 1, \cdots, 4 \tag{5-47}$$

式中：A_0——移动绳中点处初始横向振动位移。

每个初始位移条件对应有3个轴向绳移速度，即 0、$0.3c_0$ 和 $0.6c_0$，c_0 为行波速

度。进行 MATLAB 仿真的轴向移动绳长为 3m,绳线密度为 0.1kg/m,绳索张紧力 P 为 1N,抗拉刚度 EA 为 3.2×10^4N。仿真结果如图 5-5 所示。

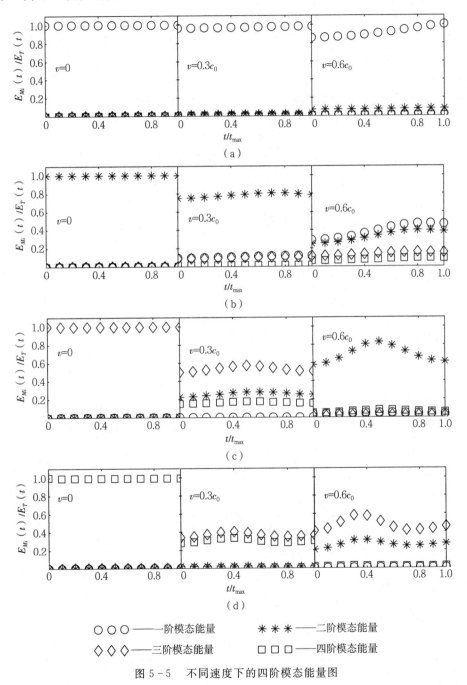

图 5-5　不同速度下的四阶模态能量图

　　两端固定边界移动绳的横向振动的每种模态的能量如图 5-5 所示。从上到下依次为一阶振型到四阶振型。$E_T(t)$ 是移动绳系统在时刻 t 的总能量。对于初始条件相同的轴向移动绳,能量向临近的模态中转移,轴向移动速度越高,扩散到相邻模态的能量就越多。例如,在图 5-5(d) 中,当移动速度从 0 到 $0.6c_0$ 变化时,保持在第四模态中的能量从 100% 减少到小于 10%,而相邻的第三和第二模态中的能量分别从 0 到 50% 和 30% 显著增加。在相同的移动速度下,初始激励模态阶数越高,模态能量流入相邻模态就越多。例如,在相同的轴向移动速度 $v = 0.6c_0$ 时,图(a) 中的一阶模态能量,图(b) 中的二阶模态能量和图(c) 中的三阶模态能量分别从 100% 减少到 90%、30% 和低于 10%。

　　本节使用复模态分析理论,计算了轴向移动绳横向振动响应的模态分量以及轴向移动绳横向振动模态能量,得出各阶模态的总能量。对于不同移动速度的绳,振型将发生改变,振动能量从一阶模态扩散到与其相邻的模态中。对于增加速度和提高激励模态的阶数,能量迁移到相邻模态的现象更为显著。

参 考 文 献

［1］王维,宝音贺西,李俊峰. 绳系卫星的动态释放变轨[J]. 清华大学学报(自然科学版),2008(8),1351－1354.

［2］Q C Nguyen,K S Hong. Transverse vibration control of axially moving membranes by regulation of axial velocity[J]. IEEE Transactions on Control Systems Technology,2012,20,1124－1131.

［3］郑亚青. 绳牵引并联机器人的样条函数法运动轨迹规划[J]. 华侨大学学报(自然科学版),2007(2),113－116.

［4］石明全,陈运生. 某火炮自动供弹机横向振动特性研究[J]. 弹道学报,2002(3),42－45＋50.

［5］卜英勇,王金羽,朱李斌. 单线循环式货运索道钢丝绳振动分析[J]. 工程设计学报,2011,18(1),67－70.

［6］阿斯拉诺夫,列德科夫. 绳系卫星系统动力学[M]. 曹喜滨,张锦绣,译. 北京:国防工业出版社,2015.

［7］R A Sack. Transverse oscillations in travelling strings[J]. British Journal of Applied Physics,1954,5,224－226.

［8］J A Wickert,C D Mote Jr. On the energetics of axially moving continua [J]. The Journal of the Acoustical Society of America,85(1989)1365－1368.

［9］R D Swope,W F Ames. Vibrations of a moving threadline[J]. Journal of the Franklin Institute,1963,275,36－55.

［10］A L Thurman,C D Mote. Free periodic. nonlinear oscillation of an axially moving strip[J]. Journal of Applied Mechanics,1969,36,81.

［11］T Kotera,R Kawai. Vibration of strings with time-varying length:the case having a weight at one end ［J］. JSME International Journal. Ser. 3, Vibration,control engineering,engineering for industry,1988,31,524－529.

［12］J A Wickert,C D Mote. Classical vibration analysis of axially moving continua[J]. Journal of Applied Mechanics,1990,57,349－353.

[13] J Yuh, T Young. Dynamic modeling of an axially moving beam in rotation: simulation and experiment[J]. Journal of Dynamic Systems, Measurement, and Control, 1991, 113, 34 − 40.

[14] G Chakraborty, A K Mallik. Non-linear vibration of a travelling beam having an intermediate guide[J]. Nonlinear Dynamics, 1999, 20, 247 − 265.

[15] R F Fung, W H Cheng. Free vibration of a string/slider nonlinear coupling system[J]. 1993, 14, 229 − 239.

[16] M Pakdemirli, A G Ulsoy. A. Ceranoglu, Transverse vibration of an axially accelerating string[J]. Journal of Sound and Vibration, 1994, 169, 179 − 196.

[17] C A Tan, L Zhang. Dynamic characteristics of a constrained string translating across an elastic foundation[J]. Journal of Vibration and Acoustics, 1994, 116.

[18] Y M Ram, J Caldwell. Free vibration of a string with moving boundary conditions by the method of distorted images[J]. Journal of Sound and Vibration, 1996, 194, 35 − 47.

[19] C A Tan, S Ying. Dynamic analysis of the axially moving string based on wave propagation[J]. Journal of Applied Mechanics, 1997, 64, 394 − 400.

[20] H Koivurova, A Pramila. Nonlinear vibration of axially moving membrane by finite element method[J]. Computational Mechanics, 1997, 20, 573 − 581.

[21] R G Parker. Supercretical speed stability of the trivial equilibrium of an axially-moving string on an elastic foundation[J]. Journal of Sound and Vibration, 1999, 221, 205 − 219.

[22] H R ÖZ, M PakdemiRli. Vibrations of an axially moving beam with time-dependent velocity[J]. Journal of Sound and Vibration, 1999, 227, 239 − 257.

[23] L Q Chen, J W. Zu Energetics and conserved functional of axially moving materials undergoing transverse nonlinear vibration[J]. Journal of Vibration and Acoustics, 2004, 126, 452 − 455.

[24] 陈立群. 轴向运动弦线横向非线性振动的能量和守恒[J]. 振动与冲击, 2002, 3, 81 − 82 + 101.

[25] L Q Chen, W J Zhao. A conserved quantity and the stability of axially moving nonlinear beams[J]. Journal of Sound and Vibration, 2005, 286, 663 − 668.

[26] L Q Chen. Analysis and control of transverse vibrations of axially moving strings[J]. Applied Mechanics Reviews, 2005, 58, 91 − 116.

[27] I S Liu, M A Rincon. Effect of moving boundaries on the vibrating elastic string[J]. Applied Numerical Mathematics, 2003, 47, 159 − 172.

[28] N H Zhang, L Q Chen. Nonlinear dynamical analysis of axially moving viscoelastic strings[J]. Chaos, Solitons & Fractals, 2005, 24, 1065 – 1074.

[29] W Zhang, L Q Chen. Vibration control of an axially moving string system: Wave cancellation method [J]. Applied Mathematics and Computation, 2006, 175, 851 – 863.

[30] R Idzikowski, M Mazij, P Šniady, et al. Vibrations of string due to a uniform partially distributed moving load: closed solutions [J]. Mathematical Problems in Engineering, 2013, 2013, 163970.

[31] R F Fung, J S Huang, Y C Chen. The transient amplitude of the viscoelastic travelling string: an integral constitutive law [J]. Journal of Sound and Vibration, 1997, 201, 153 – 167.

[32] N Jaksic, M Boltezar. Viscously damped transverse vibrations of an axially-moving string[J]. Strojniski Vestnik — Journal of Mechanical Engineering, 2005, 51, 560 – 569.

[33] J W Hijmissen, W T van Horssen. On aspects of damping for a vertical beam with a tuned mass damper at the top[J]. Nonlinear Dynamics, 2007, 50, 169 – 190.

[34] H Zhang, L Chen. Vibration of an axially moving string supported by a viscoelastic foundation[J]. Acta Mechanica Solida Sinica, 2016, 29, 221 – 231.

[35] J A Wickert, C D Mote Jr. Linear transverse vibration of an axially moving string-particle system[J]. The Journal of the Acoustical Society of America, 1988, 84, 963 – 969.

[36] L Q Chen, X D Yang. Transverse nonlinear dynamics of axially accelerating viscoelastic beams based on 4 – term Galerkin truncation[J]. Chaos, Solitons & Fractals, 2006, 27, 748 – 757.

[37] B Ravindra, W D Zhu. Low-dimensional chaotic response of axially accelerating continuum in the supercritical regime[J]. Archive of Applied Mechanics, 1998, 68, 195 – 205.

[38] H Ding, L Q Chen. Galerkin methods for natural frequencies of high-speed axially moving beams[J]. Journal of Sound and Vibration, 2010, 329, 3484 – 3494.

[39] F Pellicano, F Vestroni. Nonlinear dynamics and bifurcations of an axially moving beam[J]. Journal of Vibration and Acoustics, 1999, 122, 21 – 30.

[40] N H Zhang, J J Wang, C J Cheng. Complex-mode Galerkin approach in transverse vibration of an axially accelerating viscoelastic string [J]. Applied Mathematics and Mechanics, 2007, 28, 1 – 9.

[41] K Marynowski,Z Kołakowski. Dynamic behaviour of an axially moving thin orthotropic plate[J]. Journal of Theoretical and Applied Mechanics,(1999) 109 - 128.

[42] 杨历,陈恩伟,刘正士. 边界载荷下变长度轴向移动绳横向振动分析[J]. 合肥工业大学学报(自然科学版),2018,41,1014 - 1018+1064.

[43] 杨历,陈恩伟,吝辉辉,等. 时变长度轴向移动绳横向受迫振动数值分析[J]. 噪声与振动控制,2016,36,16 - 20+56.

[44] H Ding,L Q Chen. Natural frequencies of nonlinear vibration of axially moving beams[J]. Nonlinear Dynamics,2011,63,125 - 134.

[45] W J Zhao,L Q Chen,W Z Jean. A finite difference method for simulating transverse vibrations of an axially moving viscoelastic string[J]. Applied Mathematics and Mechanics,2006,27,23 - 28.

[46] W J Zhao,L Q Chen. A numerical algorithm for nonlinear parametric vibration analysis of a viscoelastic moving belt[J]. International Journal of Nonlinear Sciences and Numerical Simulation,2002,3,139 - 144.

[47] X D Yang,W Zhang,L Q Chen,M. H. Yao,Dynamical analysis of axially moving plate by finite difference method[J]. Nonlinear Dynamics,2012,67,997 - 1006.

[48] W Lin,N Qiao. Vibration and stability of an axially moving beam immersed in fluid[J]. Int. Journal of Solids and Structures,2008,45,1445 - 1457.

[49] Q Ni,H Y Ying,Differential quadrature method to stability analysis of pipes conveying fluid with spring support[J]. Acta Mechanica Solida Sinica,2000,13,320 - 327.

[50] Y F Zhou,Z M Wang,Transverse vibration characteristics of axially moving viscoelastic plate[J]. Applied Mathematics and Mechanics,2007,28,209 - 218.

[51] M T Armand Robinson. Analysis of the vibration of axially moving viscoelastic plate with free edges using differential quadrature method [J]. Journal of Vibration and Control,2018,24,3908 - 3919.

[52] H DING,J W ZU. Periodic and chaotic responses of an axially accelerating viscoelastic beam under two-frequency excitations[J]. International Journal of Applied Mechanics,2013,05,1350019.

[53] H Ding,Y Q Tang,L Q Chen. Frequencies of transverse vibration of an axially moving viscoelastic beam [J]. Journal of Vibration and Control,2017,23,3504 - 3514.

[54] R F Fung, P H Wang, M J Lee. Nonlinear vibration analysis of a traveling string with time-dependent length by finite element method [J]. Journal of the Chinese Institute of Engineers, 1998, 21, 109 – 117.

[55] E W Chen, N S Ferguson. Analysis of energy dissipation in an elastic moving string with a viscous damper at one end[J]. Journal of Sound and Vibration, 2014, 333, 2556 – 2570.

[56] A A Renshaw, C D Rahn, J A Wickert, et al. Energy and conserved functionals for axially moving materials [J]. Journal of Vibration and Acoustics, 1998, 120, 634 – 636.

[57] 张伟, 陈立群. 轴向运动弦线横向振动的控制：能量方法[J]. 机械强度, 2006 (2), 201 – 204.

[58] E W Chen, J Wang, K Zhong, et al. Vibration dissipation of an axially traveling string with boundary damping[J]. Journal of Vibroengineering, 2017, 19, 5780 – 5795.

[59] N V Gaiko, W T van Horssen. On the transverse, low frequency vibrations of a traveling string with boundary damping[J]. Journal of Vibration and Acoustics, 2015, 137, 041004.

[60] S Y Lee, J C D Mote. Traveling wave dynamic in a translating string coupled to stationary constraints-energy transfer and mode localization[J]. Journal of Sound and Vibration, 1998, 212, 1 – 22.

[61] S Y Lee, M Lee. A new wave technique for free vibration of a string with time-varying length[J]. Journal of Applied Mechanics, 2001, 69, 83 – 87.

[62] N V Gaiko, W T van Horssen. On wave reflections and energetics for a semi-infinite traveling string with a nonclassical boundary support[J]. Journal of Sound and Vibration, 2016, 370, 336 – 350.

[63] T Akkaya, W T van Horssen. Reflection and damping properties for semi-infinite string equations with non-classical boundary conditions[J]. Journal of Sound and Vibration, 2015, 336, 179 – 190.

[64] E W Chen, K Zhang, N S Ferguson, et al. On the reflected wave superposition method for a travelling string with mixed boundary supports [J]. Journal of Sound and Vibration, 2019, 440, 129 – 146.

[65] E W Chen, J F Yuan, N S Ferguson, et al. A wave solution for energy dissipation and exchange at nonclassical boundaries of a traveling string [J]. Mechanical Systems and Signal Processing, 2021, 150, 107272.

[66] 吴群. 轴向移动绳横向振动数值计算方法及参数振动研究[D]. 合肥:合肥工业大学,2015.

[67] M Pakdemirli,H Batan. Dynamic stability of a constantly accelerating strip [J]. Journal of Sound and Vibration,1993,168,371 – 378.

[68] 陈恩伟,罗全,佥辉辉,等. 一种稳健的移动绳振动计算的行波反射叠加法 [J]. 合肥工业大学学报(自然科学版),2018(41),601 – 606+611.

[69] R G Parker,Y Lin. Parametric instability of axially moving media subjected to multifrequency tension and speed fluctuations [J]. Journal of Applied Mechanics,2000,68,49 – 57.

[70] Y Terumichi,M Ohtsuka,M Yoshizawa,et al. Nonstationary vibrations of a string with time-varying length and a mass-spring attached at the lower End [J]. Nonlinear Dynamics,1997,12,39 – 55.

[71] S Y Lee,M Lee. A new wave technique for free vibration of a string with time-varying length[J]. Journal of Applied Mechanics,2001,69,83 – 87.

[72] R Salamaliki-Simpson,S Kaczmarczyk,P Picton,et al. Non-linear modal interactions in a suspension rope system with time-varying length [J]. Applied Mechanics and Materials,2006,5 – 6,217 – 224.

[73] 王军. 基于非典型边界轴向绳移系统振动及边界参数研究[D]. 合肥:合肥工业大学,2018.

[74] 徐大富,孔宪仁,胡长伟. 电动力缆绳的横向振动建模研究[J]. 宇航学报,2009(30),453 – 457+536.

[75] 仲凯,陈恩伟,罗全,等. 轴向移动绳固有频率计算和分析[J]. 合肥工业大学学报(自然科学版),2017,40,1164 – 1167.

[76] D B McIver. Hamilton's principle for systems of changing mass [J]. Journal of Engineering Mathematics,1973,7,249 – 261.

[77] S Y Lee,C D Mote Jr. Vibration control of an axially moving string by boundary control[J]. Measurement and Control,1996,118,66 – 74.

[78] 姜礼尚. 数学物理方程讲义[M]. 北京:高等教育出版社,1961.

[79] T Y T Wu,Hydromechanics of swimming propulsion. Part 3. Swimming and optimum movements of slender fish with side fins[J]. Journal of Fluid Mechanics,1971,46,545 – 568.

[80] B C Sakiadis. Boundary-layer behavior on continuous solid surfaces:I. Boundary-layer equations for two-dimensional and axisymmetric flow[J]. AIChE Journal,1961,7,26 – 28.

[81] B C Sakiadis. Boundary-layer behavior on continuous solid surfaces: II. The boundary layer on a continuous flat surface[J]. AIChE Journal, 1961, 7,221 – 225.

[82] J Niemi, A Pramila. FEM-analysis of transverse vibrations of an axially moving membrane immersed in ideal fluid[J]. International Journal for Numerical Methods in Engineering,1987,24,2301 – 2313.

[83] T Frondelius, H Koivurova, A Pramila. Interaction of an axially moving band and surrounding fluid by boundary layer theory[J]. Journal of Fluids and Structures,2006,22,1047 – 1056.

[84] J Lumijärvi. Optimization of critical flow velocity in cantilevered fluid-conveying pipes, with a subsequent non-linear analysis[D]. University of Oulu,2006.

[85] N Banichuk, J Jeronen, P Neittaanmäki. Dynamic behaviour of an axially moving plate undergoing small cylindrical deformation submerged in axially flowing ideal fluid [J].Journal of Fluids and Structures, 2011, 27,986 – 1005.

[86] Stylianou M Costa. Dynamics of a flexible extendible beam[D]. Victoria, University of Vicgaria,1993.

[87] E W Chen, H H Lin, N Ferguson. Experimental investigation of the transverse nonlinear vibration of an axially travelling belt[J]. Journal of Vibroengineering,2016,18,4885 – 4900.

[88] E W Chen,J Wang,Y M Lu, et al. Vibration analysis and control of an axially moving string by expanded Hamilton's principle, Vibroengineering Procedia [C]. 24th International Conference on Vibroengineering,(2016)282 – 287.

[89] M Stylianou,B Tabarrok. Finite element analysis of an axially moving beam, part i: time integration [J].Journal of Sound and Vibration, 1994, 178,433 – 453.

[90] E Chen, M Li, N Ferguson, et al. An adaptive higher order finite element model and modal energy for the vibration of a traveling string[J]. Journal of Vibration and Control,2019,25,996 – 1007.

[91] E W Chen, Y Q He, K Zhang, et al. A superposition method of reflected wave for moving string vibration with nonclassical boundary [J]. Journal of the Chinese Institute of Engineers,2019,42,327 – 332.

[92] 陈恩伟,张凯,王军,等. 固定-阻尼边界定长轴向移动绳振动的行波边界反

射叠加法[J]. 振动工程学报,2018(31),870 - 874.

[93] E W Chen,Q Luo,N S Ferguson,et al. A reflected wave superposition method for vibration and energy of a travelling string[J]. Journal of Sound and Vibration,2017,400,40 - 57.

[94] Chen Enwei,Li Mengbo,Zhang Kai,eta al. A reflected wave superposition method for travelling string vibration with dashpot boundary[C]. the 25th International Congress on Sound and Vibration (ICSV25), Hiroshima, Japan,2018.

[95] 陈恩伟,李鲜明,王军,等. 具有非典型边界的轴向移动绳横向振动定解计算 [C]. 南宁:第十二届全国振动理论及应用学术会议,2017,1136 - 1143.

[96] L Sirota,Y Halevi. Extended D'Alembert solution of finite length second order flexible structures with damped boundaries[J]. Mechanical Systems and Signal Processing,2013,39,47 - 58.

[97] P T Pham,K S Hong. Dynamic models of axially moving systems:A review [J]. Nonlinear Dynamics,2020,100,315 - 349.

[98] Y He,E Chen,W Zhu,et al. An analytical wave solution for the vibrational response and energy of an axially translating string in any propagation cycle [J]. Mechanical Systems and Signal Processing,2022,181,109507.

[99] E Kreyszig,H Kreyszig,E J Norminton. Advanced Engineering Mathematics [M]. New York,John Wiley & Sons,2011.

[100] S Y Lee,J C D Mote. A generalized treatment of the energetics of translating continua,part I:Strings and second order tensioned pipes [J]. Journal of Sound and Vibration,1997,204,735 - 753.

[101] K S Hong,P T Pham. Control of Axially Moving Systems:A Review [J]. Automation and Systems,2019,17,2983 - 3008.

[102] H Y Zhao,C D Rahn. On the control of axially moving material systems [J]. Journal of Vibration and Acoustics,2006,128,527 - 531.

[103] W D Zhu,C D Mote. Free and forced response of an axially moving string transporting a damped linear oscillator [J]. Journal of Sound and Vibration,1994,177,591 - 610.

[104] W D Zhu,C D Mote Jr,B Z Guo. Asymptotic distribution of eigenvalues of a constrained translating string[J]. Journal of Applied Mechanics,1997, 64,613 - 619.

[105] L Liming,K Imin. Damped vibration response of an axially moving wire

subject to an oscillating boundary condition and the application to slurry wiresaws[J]. Journal of Vibration and Acoustics,2021,143.

[106] W D Zhu,J Ni. Energetics and stability of translating media with an arbitrarily varying length[J]. Journal of Vibration and Acoustics,1999, 122,295 - 304.

[107] Y Li,D Aron,C D Rahn. Adaptive vibration isolation for axially moving strings:theory and experiment[J]. Automatica,2002,38,379 - 390.

[108] K J Yang,K S Hong,F Matsuno. Robust adaptive boundary control of an axially moving string under a spatiotemporally varying tension [J]. Journal of Sound and Vibration,2004,273,1007 - 1029.

[109] M Saxinger,L Marko,A Steinboeck, et al. Active rejection control for unknown harmonic disturbances of the transverse deflection of steel strips with control input,system output,sensor output,and disturbance input at different positions[J]. Mechatronics,2018,56,73 - 86.

[110] W D Zhu. Control volume and system formulations for translating media and stationary media with moving boundaries[J]. Journal of Sound and Vibration,2002,254,189 - 201.